Jérôme Tambour

Complexes moment-angle et variétés complexes

Jérôme Tambour

Complexes moment-angle et variétés complexes

Etude de la topologie d'une famille de variétés complexes

Presses Académiques Francophones

Mentions légales / Imprint (applicable pour l'Allemagne seulement / only for Germany)
Information bibliographique publiée par la Deutsche Nationalbibliothek: La Deutsche Nationalbibliothek inscrit cette publication à la Deutsche Nationalbibliografie; des données bibliographiques détaillées sont disponibles sur internet à l'adresse http://dnb.d-nb.de.
Toutes marques et noms de produits mentionnés dans ce livre demeurent sous la protection des marques, des marques déposées et des brevets, et sont des marques ou des marques déposées de leurs détenteurs respectifs. L'utilisation des marques, noms de produits, noms communs, noms commerciaux, descriptions de produits, etc, même sans qu'ils soient mentionnés de façon particulière dans ce livre ne signifie en aucune façon que ces noms peuvent être utilisés sans restriction à l'égard de la législation pour la protection des marques et des marques déposées et pourraient donc être utilisés par quiconque.

Photo de la couverture: www.ingimage.com

Editeur: Presses Académiques Francophones est une marque déposée de
Südwestdeutscher Verlag für Hochschulschriften GmbH & Co. KG
Heinrich-Böcking-Str. 6-8, 66121 Sarrebruck, Allemagne
Téléphone +49 681 37 20 271-1, Fax +49 681 37 20 271-0
Email: info@presses-academiques.com

Produit en Allemagne:
Schaltungsdienst Lange o.H.G., Berlin
Books on Demand GmbH, Norderstedt
Reha GmbH, Saarbrücken
Amazon Distribution GmbH, Leipzig
ISBN: 978-3-8381-8867-6

Imprint (only for USA, GB)
Bibliographic information published by the Deutsche Nationalbibliothek: The Deutsche Nationalbibliothek lists this publication in the Deutsche Nationalbibliografie; detailed bibliographic data are available in the Internet at http://dnb.d-nb.de.
Any brand names and product names mentioned in this book are subject to trademark, brand or patent protection and are trademarks or registered trademarks of their respective holders. The use of brand names, product names, common names, trade names, product descriptions etc. even without a particular marking in this works is in no way to be construed to mean that such names may be regarded as unrestricted in respect of trademark and brand protection legislation and could thus be used by anyone.

Cover image: www.ingimage.com

Publisher: Presses Académiques Francophones is an imprint of the publishing house
Südwestdeutscher Verlag für Hochschulschriften GmbH & Co. KG
Heinrich-Böcking-Str. 6-8, 66121 Saarbrücken, Germany
Phone +49 681 37 20 271-1, Fax +49 681 37 20 271-0
Email: info@presses-academiques.com

Printed in the U.S.A.
Printed in the U.K. by (see last page)
ISBN: 978-3-8381-8867-6

THESE

Pour l'obtention du grade de

DOCTEUR DE L'UNIVERSITE DE BOURGOGNE

U.F.R Sciences et Techniques Mirande

Institut de Mathématique de Bourgogne

DOMAINE DE RECHERCHE : Variétés complexes, complexes moment-angle, sphères simpliciales

Présentée par

Jérôme Tambour

Complexes moment-angle et variétés complexes

Directeur de thèse : **M. Laurent MEERSSEMAN**

Soutenue le 13 décembre 2010
Devant la Commission d'Examen

JURY

M. Frédéric Bosio	Université de Poitiers	Examinateur
M. Michel Brion	Université de Grenoble	Rapporteur
M. Adrien Dubouloz	Université de Bourgogne	Examinateur
M. Santiago Lopez de Medrano	U.N.A.M, Mexico	Rapporteur
M. Laurent Meersseman	Université de Bourgogne	Directeur de thèse
M. Robert Moussu	Université de Bourgogne	Examinateur
M. Taras Panov	Moscow State University	Examinateur

Remerciements

J'exprime en premier lieu mes profonds remerciements à mon directeur de thèse, Laurent Meersseman, pour l'aide compétente qu'il m'a apportée, pour sa patience et ses conseils toujours pertinents. Je le remercie également pour la grande liberté et l'autonomie qu'il m'a laissé durant tout ce travail de thèse.

Je remercie Michel Brion et Santiago Lopez de Medrano, de me faire l'honneur d'être les rapporteurs de cette thèse. Leurs commentaires sur celle-ci ont été très instructifs, et je suis flatté du temps qu'ils ont consacré à la lecture de ce mémoire. Merci en particulier à Michel Brion pour en avoir patiemment corriger les nombreuses fautes d'orthographe et pour ses remarques qui ont largement contribué à améliorer la clarté du manuscrit. Merci à Santiago pour nos rencontres estivales à Chevaleret pendant lesquelles j'ai pu bénéficié de ses conseils de spécialiste. Je suis également très honoré de la présence de Frédéric Bosio et de Taras Panov, deux spécialistes de mon sujet d'étude, dans mon jury. Ainsi que de la présence d'Adrien Dubouloz et de Robert Moussu, qui m'ont toujours accueillis avec sympathie dans leur bureau pour répondre à mes questions.

Je n'aurais jamais pu accomplir ce travail de thèse si je n'avais pas rencontré autant d'enseignants passionnants et impliqués durant mon cursus. Qu'ils en soient tous remerciés ici. Notamment, j'adresse toute ma gratitude à Françoise Delaffond pour m'avoir appris la rigueur et pour ses cours de logique. Bien qu'ils remontent au collège, je n'ai pas oublié ses enseignements et j'en tire profit chaque jour. Viennent aussi à mon esprit Rosane Ushirobira, qui m'a toujours motivé à faire une thèse, ainsi que Georges Pinczon, qui m'a suggéré de demander à Laurent d'être mon directeur. Je n'ai jamais eu à regretter leurs conseils. Merci également à Alberto Verjovsky pour son accueil chaleureux au Mexique et sa passion sans fin pour les mathématiques. La porte de son bureau est toujours ouverte et j'en suis ressorti chaque fois avec de nombreuses idées de lecture. Je remercie aussi chaleureusement les enseignants qui m'ont encadré lors de mes premiers pas dans l'enseignement, ainsi que le personnel administratif et technique du laboratoire (notamment Aziz à la légendaire gentillesse et mes "fans" Caroline et Sylvie). Une pensée également aux veilleurs de nuit du laboratoire pour ces sympathiques rencontres nocturnes à l'IMB lors des derniers jours de la rédaction du manuscrit.

De nombreuses personnes ont rendu ce travail et les années d'étude qui l'ont précédé très agréables et m'ont apporté la stabilité et la sérénité nécessaires pour accomplir cette tâche. Merci donc à mes anciens camarades de promo : Léa, Aurélie, Damien, Noémie, Gilles, Max,.... Merci évidemment à tous les amis doctorants de Dijon : Thomas, PM, Christelle, Caroline, Carlo, Maciej, Great Ahmed, Gabriel, Gautier, Jefe, Rafa, Réno, Etienne, Bilel, Moumou, Emmanuel, Vincent, Hugues, Lionel et Moshere,.... Encore merci pour l'inoubliable "Opération Sucre" ! Un très grand merci aux amis de Dijon et de Lato Sensu (Anne-Claire, Lucie, Ben, Sam, Chris, Yo, Laurène, Esther, Pauline, Anastasia, Damien, Mamadou, Julie, Aurélie, Nacer, Mélanie, Sylvain, Hugo et leur maman, ...), un "Dieuradieuf" sincère aux amis sénégalais (Yankhoba, Moussa, Auguste, Assane, Ousmane, la famille Fall, ...) et un énorme merci aux amis d'Auxerre et de toujours (Jessica, Fabien, Momo, Gaël, Mathieu, Marlène, Marion, Martin, Stéphanie, Christophe, Chenda, Alexis, Clément, Alexandre, ...). Il faudrait que je vous remerciasse un jour autant que vous le méritez.

J'ai passé une grosse partie de la durée de ma thèse un casque sur les oreilles. Par conséquent, je me dois de remercier Serj Tankian et System of a down, Blur et Gorillaz, la rue Ketanou, les Wriggles, les Brindherbes, Pierre Pierre, Georges Brassens, Yves Jamait, Christophe Rippert et Olivia Ruiz pour m'avoir accompagné tout au long de ce travail.

Enfin, je n'ai pas de mot pour remercier à leur juste valeur mes parents, qui m'ont tant donné et ont tant sacrifié pour moi ; ainsi que pour mon frère, qui m'a ouvert la voie et a toujours été un modèle et un exemple pour moi. Et bienvenue dans la famille à ma belle-soeur !

Table des matières

Notations

Dans cette thèse, nous avons choisi de numéroter les définitions, exemples, propositions et théorèmes de la manière suivante :
- Les définitions ne sont pas numérotées.
- Les théorèmes, propositions sont numérotés par chapitre. Par exemple, la proposition II.4 désigne la quatrième proposition du second chapitre. Notez que les annexes sont "numérotées" par des lettres majuscules.
- Les corollaires d'une proposition sont numérotés en fonction de la proposition qu'ils suivent. Par exemple, le corollaire I.3.2 est le deuxième corollaire de la troisième proposition du premier chapitre. Les corollaires d'un théorème sont numérotés de même.
- Les remarques sont numérotées de la même manière.
- Les exemples sont numérotés de 1 à 22, sans référence au chapitre.

Les notations suivantes seront utilisées dans toute la thèse :

1. Si E est un ensemble et A une partie de E, et s'il n'y a pas de confusion possible, on note A^c le complémentaire de A dans E.

2. Le cardinal d'un ensemble E est noté $Card(E)$ ou $|E|$.

3. $\mathbb{D}$ est le disque unité fermé de $\mathbb{C}$ et S^1 le cercle unité de $\mathbb{C}$.

4. Les coordonnées d'un point z de $\mathbb{C}^n$ sont notées $(z_1, \ldots, z_n)$.

5. La notation $\mathbb{P}^n$ (éventuellement $\mathbb{CP}^n$) désigne l'espace projectif complexe de dimension n. Si $z \in \mathbb{C}^{n+1} \backslash \{0\}$, on note $[z]$ sa classe d'équivalence dans $\mathbb{P}^n$.

6. On identifie $\mathbb{C}^m$ en tant que $\mathbb{R}$-espace vectoriel à $\mathbb{R}^{2m}$ via le morphisme

$$z \mapsto (Re(z_1), \cdots, Re(z_n), Im(z_1), \cdots, Im(z_n))$$

7. On pose

$$Re\,(z) = (Re\,(z_1)\,,\cdots,Re\,(z_n))$$
$$\text{et}\quad Im\,(z) = (Im\,(z_1)\,,\cdots,Im\,(z_n))$$

de sorte que

$$z = Re\,(z) + iIm\,(z) = (Re\,(z)\,,Im\,(z))$$

(via l'identification du point précédent).

8. $<z,w> = \sum_{j=1}^{n} z_j w_j$ désigne le produit scalaire **non hermitien** de $\mathbb{C}^n$.

9. Dans $\mathbb{R}^n$, Conv(A) (resp. pos(A)) est l'enveloppe convexe (resp. l'enveloppe positive , c'est-à-dire l'ensemble des combinaisons linéaires positives) d'une partie A non vide de $\mathbb{R}^n$. Par convention, on pose

$$pos\,(\emptyset) = \{0\}$$

10. Pour tout nombre complexe z, on note e^z l'exponentielle de z. De plus, si $z = (z_1,\ldots,z_n)$ est un vecteur de $\mathbb{C}^n$, alors on pose

$$exp\,(z) = (e^{z_1},\ldots,e^{z_n})$$

11. Soit n un entier naturel non nul et u un élément de $\mathbb{Z}^n$. On note λ^u (ou λ_n^u si on veut préciser la dimension) le sous-groupe à un paramètre de $(\mathbb{C}^*)^n$ défini par

$$\lambda^u(t) = (t^{u_1},\ldots,t^{u_n})\ \forall t \in \mathbb{C}^*$$

Remarquons que tout sous-groupe à un paramètre est de la forme λ^u pour un unique u dans $\mathbb{Z}^n$.

12. De même, on note X^u (ou X_n^u si on souhaite préciser la dimension) le caractère de $(\mathbb{C}^*)^n$ défini par

$$X^u(t) = \prod_{j=1}^{n} t_j^{u_j}\ \forall t \in (\mathbb{C}^*)^n$$

Notons là encore que tout caractère de $(\mathbb{C}^*)^n$ est de la forme X^u, pour un unique $u \in \mathbb{Z}^n$.

13. Si v est un vecteur de $\mathbb{R}^n$, alors $\tilde{v} = (1,v) \in \mathbb{R}^{n+1}$.

Introduction générale

L'objet de cette thèse est d'étudier une grande famille de variétés complexes non kählériennes appelées variétés LVMB.

1 Variétés différentiables et variétés complexes

Commençons par rappeler la définition de variété. Une *variété topologique* (ou plus simplement *variété*) de dimension n est un espace topologique M muni d'un *atlas* $\mathcal{A}$, c'est-à-dire une collection $\{(\phi_j, U_j)/j \in J\}$ de *cartes* (ϕ_j, U_j), où U_j est un ouvert de M et ϕ_j un homéomorphisme de U_j sur un ouvert de $\mathbb{R}^n$. On demande de plus que les ouverts U_j recouvrent M.

Remarquons que pour tout $i, j \in J$, l'application

$$\phi_{i,j} = \phi_j \circ \phi_i^{-1} : \phi_i(U_i \cap U_j) \to \phi_j(U_i \cap U_j)$$

est un homéomorphisme. Souvent, on demande que les applications $\phi_{i,j}$ (appelées *changements de cartes*) vérifient des conditions de régularité supplémentaires. Ainsi, on dira que la variété topologique M est une *variété différentiable* d'ordre k, $k = 1, \ldots, \infty$, s'il existe un atlas pour lequel les changements de cartes sont $\mathcal{C}^k$. Les variétés différentiables d'ordre ∞ sont aussi appelées *variétés lisses*.

Bien que la définition semble technique au premier abord, les variétés sont en fait les objets géométriques les plus simples après les espaces affines. En effet, de nombreux objets géométriques usuels peuvent être munis d'une structure de variété topologique. Par exemple, les espaces vectoriels réels, les espaces affines réels, les espaces projectifs réels, les ouverts de $\mathbb{R}^n$, le graphe d'une application continue, l'ensemble des zéros d'une application de $\mathbb{R}^n$ dans $\mathbb{R}^p$, la sphère, le tore, le ruban de Möbius et la bouteille de Klein, etc... sont des variétés topologiques. Et si on considère en plus les variétés à bord et les variétés à coins (dont la définition est une variation simple de la définition de variété), on obtient comme nouveaux exemples le disque, les demi-espaces, les polytopes, les tores pleins, etc... On trouve aussi des objets plus étranges comme la droite à deux origines ou la "longue droite". Pour éviter ces exemples, on demande souvent qu'une variété soit séparée (la droite à deux origines est une variété non séparée) et à base dénombrable (la "longue droite" n'est pas à base dénombrable). Le fait de ne considérer que des variétés dont la topologie est à base dénombrable a de nombreuses conséquences pratiques : par exemple, une variété à base dénombrable est métrisable et peut être munie d'une structure riemannienne (cf [Wa]).

La notion de *variété complexe* est analogue. Une *variété complexe* de dimension n est un espace topologique M muni d'un atlas $\mathcal{A} = \{(\phi_j, U_j)/j \in J\}$ tel que pour tout $j \in J$, l'application ϕ_j est un homéomorphisme de U_j sur un ouvert de $\mathbb{C}^n$ et tel que les changements de cartes sont des biholomorphismes (cf. [C1] et [C2]).

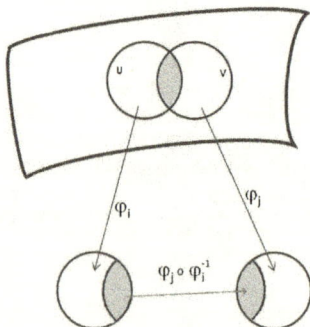

FIGURE 1 – Changements de cartes

Les espaces vectoriels, affines et projectifs complexes, les ouverts de $\mathbb{C}^n$ constituent là encore des exemples de variétés complexes. De plus, comme toute application holomorphe est de classe $\mathcal{C}^\infty$, toute variété complexe est aussi une variété lisse. Mais, de même que les applications holomorphes ont bien plus de propriétés que les applications $\mathcal{C}^\infty$, les variétés complexes sont très différentes des variétés lisses à de nombreux égards.

Par exemple, il est facile de mettre une structure de variété lisse sur une sphère de dimension paire. Cependant, S^4 et toutes les sphères S^{2p} pour $p \geq 4$ n'admettent pas de structure complexe (cf. [BS]). De plus, savoir si S^6 admet ou non une structure de variété complexe est un problème ouvert.

Autre exemple : un tore T_R de dimension 2 peut être défini comme le quotient de $\mathbb{R}^2$ par l'action de translation d'un réseau $R = \mathbb{Z}e_1 \oplus \mathbb{Z}e_2$. On peut munir le tore T_R d'une structure de variété complexe (resp. de variété $\mathcal{C}^\infty$) rendant la surjection canonique holomorphe (resp. $\mathcal{C}^\infty$). Si $\widetilde{R} = \mathbb{Z}f_1 \oplus \mathbb{Z}f_2$ est un autre réseau, il existe un isomorphisme linéaire ϕ de $\mathbb{R}^2$ envoyant e_j sur f_j, $j = 1, 2$. On peut montrer que ϕ induit un difféomorphisme entre T_R et $T_{\widetilde{R}}$. Autrement dit, le tore n'a qu'une seule structure de variété lisse rendant la surjection canonique différentiable. Le cas complexe est différent : les variétés T_R et $T_{\widetilde{R}}$ sont biholomorphes si et seulement si ϕ est une similitude directe.

Dernier exemple : un théorème de Whitney affirme que toute variété lisse (compacte ou non) de dimension n peut être plongée via un plongement $\mathcal{C}^\infty$ dans $\mathbb{R}^{2n+1}$. Le résultat est faux dans le cas complexe : une variété complexe compacte quelconque ne peut pas être plongée de manière holomorphe dans $\mathbb{C}^N$, quel que soit N. Par contre, il est possible de plonger certaines variétés complexes compactes dans un espace projectif complexe. De telles variétés sont appelées *variétés complexes projectives*.

2 Construction de variétés complexes

Il existe de nombreuses méthodes pour définir une structure de variété complexe sur un espace topologique X.

La première consiste évidemment à décrire explicitement les cartes et les changements de cartes. On utilise cette méthode pour construire les exemples simples tels que par exemple les ouverts de $\mathbb{C}^n$, la sphère S^2 ou les espaces projectifs complexes.

La seconde consiste à construire une nouvelle variété complexe à partir de variétés complexes connues. Par exemple, si X est homéomorphe à une variété complexe M, alors on peut facilement munir X d'une structure de variété complexe telle que l'homéomorphisme entre X et M est un biholomorphisme. Ainsi, le bord d'un ensemble convexe compact d'intérieur non vide dans $\mathbb{R}^d$ ne peut pas être muni d'une structure de variété complexe si la dimension d de son enveloppe affine est 5 ou de la forme $2p + 1, p \geq 4$. En effet, un tel ensemble est homéomorphe à S^{d-1} (cf. [Tau]) et l'on sait que les sphères de dimension 4 ou de la forme $2p, p \geq 4$ n'ont pas de structure complexe.

Un produit de variétés complexes est encore une variété complexe :

Proposition .1: Si X et Y sont des variétés complexes, alors le produit cartésien $X \times Y$ peut être muni d'une structure de variété complexe telle que les inclusions $X \hookrightarrow X \times Y$ et $Y \hookrightarrow X \times Y$ sont des plongements holomorphes.

On peut aussi construire une variété complexe en la décomposant en une union de variétés complexes compatibles entre elles :

Proposition .2: Supposons que l'espace topologique X admet un recouvrement par des ouverts U_i qui sont des variétés complexes de même dimension n. On note $\mathcal{A}_i = \{(\phi_a, V_a)/a \in A_i\}$ les atlas respectifs des U_i. Si la condition de recollement :

$$\mathcal{A}_{i|U_i \cap U_j} = \mathcal{A}_{j|U_i \cap U_j} \forall i, j$$

(où $\mathcal{A}_{i|U_i \cap U_j} = \{(\phi_{a|U_i \cap U_j}, V_a \cap U_i \cap U_j)/a \in A_i\}$) est vérifiée, alors X admet une structure de variété complexe.

Proposition .3 ([LN]): Soit X une variété lisse plongée dans une variété complexe Z transversalement à un feuilletage holomorphe $\mathcal{F}$. Alors ce feuilletage induit sur X une structure de variété complexe.

Une troisième méthode est de décrire X comme ensemble de solutions d'un système d'équations :

Proposition .4: Soit $f : X \to Y$ une application holomorphe entre variétés complexes. Si q est une valeur régulière de f, alors $f^{-1}(q)$ est une sous-variété complexe de X.

Cette méthode fournit une grande classe de variétés, les variétés algébriques, dont l'étude constitue un domaine entier des mathématiques.

Définition: Une *variété algébrique affine* est l'ensemble des zéros dans $\mathbb{C}^m$ d'une famille de polynômes à coefficients complexes et à m variables.

Par conséquent, si V est la variété algébrique définie par les polynômes $P_1, \ldots, P_n$ et si 0 est une valeur régulière de l'application $(P_1, \ldots, P_n) : \mathbb{C}^m \to \mathbb{C}^n$, alors V peut être munie d'une structure de variété complexe. On définit plus généralement les *variétés algébriques* comme les variétés pouvant s'écrire localement comme ensemble de zéros d'une famille finie de polynômes (cf. [Har], ou [Sh1] et [Sh2]).

Les variétés algébriques forment une très large classe de variétés complexes. En effet, on a le théorème suivant :

Proposition .5 (Théorème de Chow): Toute sous-variété complexe de $\mathbb{CP}^n$ est algébrique.

Une dernière manière de construire des exemples de variétés complexes est d'utiliser les actions de groupes. On a notamment les deux théorèmes suivants :

Proposition .6 ([Wel1], proposition 5.3): Soit X une variété complexe et G un groupe agissant holomorphiquement sur X. On suppose que l'action est proprement discontinue et sans point fixe. Alors l'espace des orbites X/G est séparé et peut être muni d'une unique structure de variété complexe telle que la projection naturelle $\pi : X \to X/G$ est un biholomorphisme local.

On peut par exemple utiliser ce théorème pour construire une structure complexe sur le tore défini comme quotient de $\mathbb{C}$ par l'action de translation d'un réseau (cf. plus haut).

Dans le cas d'un groupe de Lie non nécessairement discret, on a aussi le résultat suivant (cf. [Huy]) :

Proposition .7: Soit $G \times X \to X$ une action holomorphe propre et libre d'un groupe de Lie complexe G sur une variété complexe X. Alors le quotient X/G admet une structure de variété complexe telle que la projection naturelle $\pi : X \to X/G$ est holomorphe.

Dans notre contexte, on dit qu'une action d'un groupe de Lie complexe G sur une variété complexe X est *holomorphe* (ou que G agit *holomorphiquement* sur X) si l'application

$$\begin{aligned} G \times X &\to X \\ (g,x) &\mapsto g \cdot x \end{aligned}$$

est holomorphe. On dit que l'action est libre si les stabilisateurs de tous les éléments de X sont réduits ne contiennent que l'élément neutre de G. Enfin, l'action est *propre* si l'application

$$\begin{aligned} G \times X &\to X \times X \\ (g,x) &\mapsto (g \cdot x, x) \end{aligned}$$

est propre. Par exemple, l'action naturelle de $\mathbb{C}^*$ sur $\mathbb{C}^n \backslash \{0\}$ est holomorphe, libre et propre. Le quotient de $\mathbb{C}^n \backslash \{0\}$ par l'action de $\mathbb{C}^*$, i.e. l'espace projectif $\mathbb{CP}^{n-1}$, peut être muni d'une structure de variété complexe. Remarquons aussi que dans le cas où le groupe G est discret, alors une action propre est proprement discontinue et on retrouve la la proposition .6.

3 Variétés non kählériennes et variétés LVM

Le théorème de Chow montre que les variétés projectives sont en fait des cas très particuliers de variétés complexes. Le premier exemple connu de variété compacte complexe non algébrique provient des travaux de Hopf (cf. [Ho]). La variété de Hopf est définie comme le quotient de $\mathbb{C}^{p+1} \backslash \{0\}$ par l'action du groupe discret $\mathbb{Z}$ suivante :

$$\forall k \in \mathbb{Z}, \ z \in \mathbb{C}^p \backslash \{0\}, \ k \cdot z = \left(\frac{1}{2}\right)^k z$$

L'action est libre et proprement discontinue et donc, en utilisant la proposition .6, l'espace des orbites peut être muni d'une structure de variété complexe. On peut montrer que ce quotient s'identifie par un difféomorphisme $\mathcal{C}^\infty$ au produit $S^1 \times S^{2p+1}$. La construction de Hopf permet donc de construire une structure de variété complexe sur le produit d'un cercle et d'une sphère de dimension impaire (remarquons qu'on ne peut pas utiliser la proposition .1).

La variété obtenue n'est pas algébrique. Plus précisément, elle n'est pas *kählérienne* (cf. [Well]) :

Définition: Soit X une variété complexe compacte de dimension n et h une métrique hermitienne sur X. Dans une carte locale, h s'écrit $h = \sum\limits_{i,j} \phi_{i,j} dz_i \otimes d\overline{z_j}$. On dit que h est une *métrique kählérienne* si la forme fondamentale $\dfrac{i}{2} \sum\limits_{i,j} \phi_{i,j} dz_i \wedge d\overline{z_j}$ est fermée. La variété complexe X est *kählérienne* si elle admet une telle métrique.

Proposition .8: Soit M une variété complexe kählérienne. Les nombres de Betti de M de dimension réelle impaire sont pairs et ceux de dimension réelle paire sont strictement positifs.

Ainsi, si $p \neq 0$, la variété de Hopf n'est pas kählérienne puisque son premier nombre de Betti est 1. Si $p = 0$, la variété obtenue est un tore de dimension 2 qui est toujours une variété kählérienne. Les variétés de Hopf ont été très étudiées et de nombreuses généralisations ont vus le jour.

L'une des généralisations donne naissance aux variétés de Calabi-Eckmann (cf. [CE]). On a le théorème suivant :

Proposition .9: Pour tous entiers naturels p et q, il existe une structure de variété complexe sur $S^{2p+1} \times S^{2q+1}$.

La variété est construite en exhibant un atlas. Là encore, si p et q ne sont pas tous deux nuls, la variété obtenue, appelée *variété de Calabi-Eckmann*, n'est pas kählérienne. L'argument est le même argument topologique que pour les variétés de Hopf. Dans [CE], Calabi et Eckmann prouvent de plus que si p ou q est nul, alors la variété obtenue est une variété de Hopf. Ils montrent aussi que la variété est une fibration sur un produit d'espaces projectifs complexes dont la fibre est le tore $(S^1)^2$.

Une des généralisations des variétés de Hopf et de Calabi-Eckmann provient des travaux de Santiago Lopez de Medrano, Alberto Verjovsky, et Laurent Meersseman. Ces variétés, appelées *variétés LVM*, sont nées de l'étude de la topologie de l'intersection de deux quadriques homogènes dans $\mathbb{R}^n$ avec la sphère (cf. [LdM]), puis la généralisation à la géométrie, i.e. l'étude de l'intersection d'une quadrique homogène réelle de $\mathbb{C}^n$ avec la sphère unité (cf. [LdMV]) et enfin la généralisation à un nombre quelconque de quadriques (cf. [Me]). Ces objets sont dénommés *link* depuis l'article [BM].

Plus précisément, on se donne deux entiers m et n tels que $n \geq 2m + 1$ et on fixe des vecteurs $\Lambda_1, \ldots, \Lambda_n$ dans $\mathbb{C}^m$. On suppose aussi que ces vecteurs vérifient deux conditions :

1. (*Condition de Siegel*) 0 est dans l'enveloppe convexe de $\{\Lambda_1, \ldots, \Lambda_n\}$.
2. (*Hyperbolicité faible*) Si $0 \in Conv(\{\Lambda_j, j \in J\})$, alors $Card(J) > 2m$.

Dans [Me], on considère l'ensemble suivant, qui est un ouvert dense de $\mathbb{C}^n$

$$\mathcal{S} = \{z \in \mathbb{C}^n / \ 0 \in Conv(\{\Lambda_j / \ j \in I_z\}) \ \}$$

(avec $I_z = \{ \ k / \ z_k \neq 0 \ \}$).

On peut alors définir une action de $\mathbb{C}^* \times \mathbb{C}^m$ sur $\mathcal{S}$ par

$$\forall \alpha \in \mathbb{C}^*, \ T \in \mathbb{C}^m, \ (\alpha, T) \cdot z = (\alpha e^{<\Lambda_1, T>} z_1, \ldots, \alpha e^{<\Lambda_n, T>} z_n \ )$$

et on a le théorème suivant :

Théorème .1: Si le système $\Lambda_1, \ldots, \Lambda_n$ vérifie les conditions de Siegel et d'hyperbolicité faible, alors le quotient $\mathcal{N}$ de $\mathcal{S}$ par l'action précédente peut être muni d'une structure de variété complexe.

Pour démontrer ce résultat, on utilise le fait (conséquence des résultats de [CKP]) que l'espace des orbites pour l'action restreinte à $\mathbb{R}_+^* \times \mathbb{C}^m$ est difféomorphe à l'ensemble

$$M_1 = \{ \ z / \sum_{j=1}^{n} \Lambda_j |z_j|^2 = 0, \ \sum_{j=1}^{n} |z_j| = 1 \ \}$$

L'ensemble M_1 est un link et on en déduit que $\mathcal{N}$ s'identifie à

$$\mathcal{N} = \{[z] \in \mathbb{P}^{n-1} / \sum_{j=1}^{n} \Lambda_j |z_j|^2 = 0\}$$

Remarquons que le système d'équations précédent permet de munir $\mathcal{N}$ d'une structure de sous-variété lisse de $\mathbb{P}^{n-1}$. On utilise alors le résultat de la proposition .3 pour construire une structure complexe sur $\mathcal{N}$. Décrivons brièvement le feuilletage utilisé : on note $\tilde{\mathcal{S}}$ l'ensemble des orbites de l'action de $\mathbb{C}^* \times \mathbb{C}^m$ sur $\mathbb{C}^n$ de dimension maximale. Ces orbites ont toutes même dimension complexe m. D'après la proposition 1 du chapitre II de [CLN], les orbites de $\tilde{\mathcal{S}}$ définissent alors un feuilletage de $\tilde{\mathcal{S}}$. Or cet ensemble $\tilde{\mathcal{S}}$ est un ouvert dense de $\mathbb{C}^n$ contenant $\mathcal{S}$. On peut donc utiliser la proposition .3 pour munir $\mathcal{N}$ d'une structure complexe.

Dans [Me], Laurent Meersseman étudie les propriétés des variétés nouvellement créées. Notamment, on montre que si $n > 2m + 1$, alors la variété complexe $\mathcal{N}$ obtenue n'est pas kählérienne. Dans le cas $n = 2m + 1$, on obtient un tore compact et toute structure complexe sur un tore de dimension quelconque peut être obtenue comme variété LVM.

Remarquons que l'action naturelle (produit composante par composante) du tore $(S^1)^n$ sur $\mathbb{C}^n$ commute avec l'action définissant $\mathcal{N}$. On obtient donc une action de $(S^1)^n$ sur $\mathcal{N}$ et on prouve (cf. [Me]) que le quotient de cette action induite est un polytope simple. Dans [Me], on montre aussi que, pour tout polytope simple, il existe une variété LVM ayant ce polytope comme quotient. Les auteurs de [BM] étudient plus profondément cette relation entre links et polytopes simples et montrent que la topologie d'un link ne dépend que de la combinatoire du polytope (cf. [BM] ou le chapitre IV pour des formules explicites permettant de calculer l'homologie et la cohomologie entières d'un link). De plus, il est prouvé que deux links sont difféomorphes par un difféomorphisme équivariant par rapport à l'action naturelle du tore si et seulement si les polytopes obtenus comme quotient de cette action sont combinatoirement équivalents. Enfin, l'article [BM] montre qu'un link est homéomorphe à une variété moment-angle et établit ainsi un pont avec les travaux de Buchstaber et Panov (cf. [BP]).

Enfin, dans l'article [MV], une autre action sur l'ouvert $\mathcal{S}$ est étudiée. Cette action est algébrique et le quotient X de cette action est une variété torique projective. Dans cet article, l'action holomorphe définissant $\mathcal{N}$ est décrite comme restriction de l'action algébrique (définissant X) et on montre que $\mathcal{N}$ est une fibration sur X. Cela généralise la fibration des variétés de Calabi-Eckmann sur les produits d'espaces projectifs complexes.

4 Généralisations

Dans [Bos], Frédéric Bosio généralise la construction des variétés LVM en mettant l'accent sur le caractère combinatoire de leur construction. Les nouvelles variétés obtenues sont appelées *variétés LVMB*. Dans cet article, l'auteur étudie certaines propriétés des variétés LVMB et montre que celles-ci ont des propriétés voisines de celles des variétés LVM. En particulier, les variétés LVMB sont soit des tores soit des variétés non kählériennes. De plus, dans certains cas, les variétés LVMB sont des déformations analytiques de variétés LVM. Cependant, dans [Bos], deux questions restent sans réponse :

1. Existe-t-il des variétés LVMB qui ne sont homéomorphes à aucune variété LVM ?
2. Existe-t-il des variétés LVMB qui ne sont biholomorphes à aucune variété LVM ?

La seconde question a trouvé une réponse affirmative dans [CFZ]. Dans cet article, les auteurs approfondissent l'étude de l'action algébrique introduite dans [MV] et montrent notamment qu'une variété LVMB est une variété LVM si et seulement si la variété torique obtenue comme quotient de l'action algébrique est projective. Ils déduisent aussi de leur étude l'existence d'une variété LVMB qui n'est biholomorphe à aucune variété LVM. Quant à la première question, elle n'a toujours pas de réponse.

5   Description des résultats obtenus

Cette thèse se compose de six chapitres et trois annexes. Dans le premier chapitre, nous définirons les notions d'ensemble fondamental (notion déjà développée dans [Bos]) et de sphères rationnellement étoilées. Nous consacrerons une grande partie de ce premier chapitre à étudier une propriété combinatoire fondamentale des variétés LVMB, à savoir le PEUR (Principe d'Existence et d'Unicité du Remplaçant), et notamment à lier cette propriété à une propriété classique des complexes simpliciaux (le fait d'être une pseudo-variété).

Dans le second chapitre, nous montrons que la sphère de Brückner, l'un des exemples les plus simples de sphère simpliciale non polytopale, admet une réalisation rationnellement étoilée.

Le troisième chapitre est sans doute le plus important de cette thèse du point de vue géométrique. En effet, après y avoir rappelé la construction des variétés LVMB, nous introduisons le complexe simplicial (le *complexe associé*) généralisant le polytope associé à une variété LVM. Ensuite, nous étudions une action algébrique voisine de l'action holomorphe définissant la variété LVMB. Comme il a été montré dans [CFZ], le quotient de cette action est une variété torique. Dans le chapitre III, nous explicitons l'éventail associé à cette variété et nous montrons que le complexe associé est une sphère rationnellement étoilée. Enfin, nous nous servons de cette étude pour montrer que toute sphère rationnellement étoilée peut être obtenue comme complexe associé à une variété LVMB.

Dans l'article [BM], les auteurs montrent que les links sont homéomorphes à des variétés moment-angle. Dans le chapitre IV, nous renforçons le lien entre les deux approches, variétés LVMB d'un côté et complexes moment-angle généralisés de l'autre. Nous montrons notamment que les complexes moment-angles paramétrés par des sphères rationnellement étoilées peuvent être munies d'une structure de variété LVM (et donc d'une structure de variété complexe).

Dans le cinquième chapitre, nous tentons de répondre à la première question ci-dessus. En particulier, nous explicitons le bon système d'une variété LVMB ayant la sphère de Brückner comme complexe associé. Nous comparons ensuite la topologie de la variété LVMB obtenue avec celle des variétés LVM de même dimension. Notamment, nous calculons les groupes d'homologie et de cohomologie (à coefficients entiers ou réels) de ces variétés. Nous étudions aussi les produits en cohomologie de certaines de ces variétés. Cependant, cette étude ne permet pas de démontrer la conjecture :

"il existe une variété LVMB ayant une topologie distincte de la topologie de toutes les variétés LVM".

En effet, étudier ces produits revient dans le cas présent à étudier des formes bilinéaires symétriques entières non dégénérées et la classification effectuée par Serre (cf. [Se]), puis par Husemoller et Milnor (cf. [MH]), montre qu'il existe peu de telles formes en basse dimension.

Enfin, dans le sixième et dernier chapitre, nous donnons quelques exemples de variétés LVMB, la plupart déjà connus, mais en utilisant une construction différente ou bien en démontrant les résultats via les nouveaux outils obtenus dans les chapitres précédents. Nous montrons notamment que le joint de deux sphères rationnellement étoilées est encore une sphère rationnellement étoilée.

En première annexe, nous présentons quelques petits résultats sur deux autres complexes naturellement associés à un bon système. Nous n'avons pas inclus leur étude dans le corps du texte pour ne pas alourdir celui-ci. Dans la seconde annexe, nous effectuons les mêmes calculs que nous avons effectué pour la sphère de Brückner aux chapitres II et V avec la sphère de Barnette, l'autre exemple simple de sphère rationnellement étoilée non polytopale. Là encore, et pour la même raison, nous ne pouvons pas distinguer la topologie de la variété LVMB associée à la sphère de Barnette de celles des variétés LVM en calculant les produits en cohomologie. Enfin, la troisième annexe permet de présenter les programmes (codés via le logiciel Maple) utilisés durant cette thèse pour effectuer les différents calculs. Nous espérons que ces programmes puissent servir à d'autres recherches.

Chapitre I

Complexes simpliciaux et ensembles fondamentaux

1 Rappels et notations

Définition: Soit V un ensemble fini. Un *complexe simplicial abstrait* (ou plus simplement *complexe simplicial*) sur V est un ensemble K non vide de parties de V vérifiant la propriété suivante :

$$\forall \sigma \in K, \ (\tau \subset \sigma) \Rightarrow (\tau \in K)$$

Soit K un complexe simplicial abstrait sur V. Les singletons de K sont appelés *sommets* de K [1]. Les éléments g de V tels que $\{g\}$ n'est pas élément de K sont appelés *sommets fantômes*

Les éléments de K sont appelés *simplexes* ou *faces*. La *dimension* d'une face σ de K est $dim(\sigma) = Card(\sigma) - 1$. Les faces de dimension 0 sont donc les sommets. Celles de dimension 1 sont appelées *arêtes* et les faces maximales pour la relation d'inclusion sont les *facettes*.

La *dimension* de K est le maximum des dimensions de ses faces. Si toutes les facettes ont même dimension, on dit que K est *pur*. Les *crêtes* d'un complexe pur de dimension d sont les faces de dimension $d - 1$. Pour finir, les *faces manquantes* de K sont les parties F de V qui ne sont pas élément de K mais telles que toute partie stricte de F est une face de K.

---

1. Par abus de langage, le terme sommet désignera à la fois le singleton $\{k\}$ et l'élément k.

Exemple 1: Soit $V = \{1, 2, 3, 4, 5\}$ et

$$K = \left\{ \begin{array}{c} \emptyset, \{1\}, \{2\}, \{3\}, \{4\}, \{5\}, \{1,2\}, \{1,3\}, \{1,4\}, \\ \{2,3\}, \{2,4\}, \{2,5\}, \{3,5\}, \{4,5\}, \{1,2,4\}, \{2,3,5\} \end{array} \right\}$$

Alors K est un complexe simplicial de dimension 2 dont V est l'ensemble des sommets. Il n'a pas de sommet fantôme. Il n'est pas pur car ses facettes sont les éléments de $\{ \{1,2,4\}, \{2,3,5\}, \{4,5\}, \{1,3\} \}$. Ses faces manquantes sont $\{1,5\}$, $\{3,4\}$, $\{1,2,3\}$, et $\{2,4,5\}$.

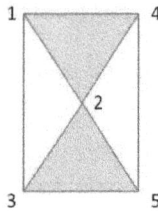

FIGURE 1 – Une réalisation du complexe de l'exemple 1

Remarque I.1: Pour simplifier les notations, lorsque aucune confusion n'est possible, on notera $(i_1 i_2 \ldots i_p)$ pour $\{i_1, \ldots, i_p\}$, voire k pour le singleton $\{k\}$.

Remarque I.2: Il est clair qu'un complexe simplicial est entièrement déterminé (aux sommets fantômes près) par la donnée de ses facettes.

Exemple 2: Soit P un polytope simplicial[2]. On note $v_1, \ldots, v_p$ les sommets de P. On définit un complexe simplicial K sur $V = \{v_1, \ldots, v_p\}$ de la manière suivante :

$$J = (j_1, \ldots, j_q) \in K \Leftrightarrow Conv(v_{j_1}, \ldots, v_{j_q}) \text{ est une face de } P \text{ différente de } P$$

Le complexe K est appelé *frontière du polytope* P. Un complexe simplicial qui provient d'un polytope est dit *polytopal*.

Exemple 3: Soit V un ensemble fini. L'ensemble des parties de V est un complexe simplicial appelé *simplexe plein* sur V.

---

2. Un polytope est *simplicial* si toutes ses facettes sont des simplexes.

2 Ensembles fondamentaux

Dans cette section, M désigne un entier naturel et V est un ensemble fini dont le cardinal n est supérieur ou égal à M. Généralement (c'est ce qui sera fait dans cette thèse si le contraire n'est pas précisé), on prend $V = \{1, \ldots, n\}$.

Définition: Un *ensemble fondamental* est un ensemble non vide $\mathcal{E}$ de parties de V dont tous les éléments sont de cardinal M. Ses éléments sont appelés *parties fondamentales*. On dit que $\mathcal{E}$ est de type (M, n).

De plus, une partie de V est dite *acceptable* relativement à $\mathcal{E}$ [3] si elle contient une partie fondamentale. On notera $\mathcal{A}$ l'ensemble des parties acceptables. Enfin, un élément de V est dit *indispensable* relativement à $\mathcal{E}$ s'il est contenu dans chacune des parties fondamentales. On dit que $\mathcal{E}$ est de type (M, n, k) s'il est de type (M, n) et a exactement k éléments indispensables.

Exemple 4: Par exemple, $\mathcal{E} = \{ (125), (145), (235), (345) \}$ est un ensemble fondamental de type $(3, 5, 1)$ sur $\{1, \ldots, 5\}$.

Dans la suite, on s'intéressera particulièrement à deux propriétés combinatoires appelées respectivement PER (Principe d'Existence du Remplaçant) et $PEUR$ (Principe d'Existence et d'Unicité du Remplaçant) :

$$(PER) \qquad \forall P \in \mathcal{E},\ \forall k \in V,\ \exists\, k' \in P;\ (P \backslash \{k'\}) \cup \{k\} \in \mathcal{E}$$

$$(PEUR) \qquad \forall P \in \mathcal{E},\ \forall k \in V,\ \exists!\, k' \in P;\ (P \backslash \{k'\}) \cup \{k\} \in \mathcal{E}$$

On dit que k est un *remplaçant* de k' dans P. On dira de plus qu'un ensemble fondamental $\mathcal{E}$ est *minimal pour le $PEUR$* s'il vérifie le $PEUR$ et s'il ne contient pas de partie stricte qui à la fois est un ensemble fondamental et vérifie le $PEUR$.

Exemple 5: $\mathcal{E} = \{ (12345), (12456), (12457), (13467), (23467), (34567) \}$ vérifie le $PEUR$ (pour $M = 5$ et $V = \{1, 2, 3, 4, 5, 6, 7\}$) mais n'est pas minimal pour le $PEUR$ car il contient $\overline{\mathcal{E}} = \{ (12345), (12456), (12457) \}$ qui vérifie le $PEUR$.

Remarque I.3: Si $\mathcal{E}$ est un ensemble fondamental sur V vérifiant le PER, alors tout élément de V est contenu dans au moins une partie fondamentale. Autrement dit, on a $\displaystyle\bigcup_{E \in \mathcal{E}} E = V$.

---

3. ou simplement acceptable s'il n'y a pas d'ambigüité possible.

Remarque I.4: On rappelle qu'une matroïde est un complexe simplicial I sur un ensemble fini V vérifiant la propriété suivante :

$$\forall P, Q \in I, \ (Card(Q) = Card(P) + 1) \ \Rightarrow \exists x \in Q \backslash P; \ P \cup \{x\} \in I$$

Les éléments de I sont appelés *ensembles indépendants* et les parties de V qui ne sont pas éléments de I sont appelés *ensembles dépendants*. Les ensembles indépendants maximaux de I pour la relation d'inclusion sont appelés *bases* de I. Les ensembles dépendants minimaux (toujours pour la relation d'inclusion) sont appelés *circuits* de I. Une famille non vide B d'éléments de V est l'ensemble des bases d'une matroïde si et seulement si B vérifie la condition suivante ([Wel2], Proposition 2.3) :

$$\forall P, Q \in B, \ \forall x \in P \backslash Q, \ \exists y \in Q \backslash P; \ (P \cup \{y\}) \backslash \{x\} \in B$$

On pourrait penser que $\mathcal{E}$ vérifie le $PEUR$ si et seulement si $\mathcal{E}$ est l'ensemble des bases d'une matroïde. C'est en général faux. En effet, l'ensemble fondamental de type $(3, 5, 0)$

$$\mathcal{E} = \{ \ (124), (134), (135), (235), (245) \ \}$$

n'est pas l'ensemble des bases d'une matroïde. Ce n'est pas non plus l'ensemble des circuits d'une matroïde (cf. [Wel2], Proposition 4.8). Pourtant, on vérifie facilement que $\mathcal{E}$ est un ensemble fondamental de type $(3, 5, 0)$ minimal pour le $PEUR$.

Nous allons maintenant expliciter la construction d'un complexe simplicial naturellement associé à un ensemble fondamental. Le but de cette construction est dans un premier temps de relier les propriétés définies précédemment (type, PER, $PEUR$, minimalité pour le $PEUR$) à des propriétés connues (dimension, nombre de sommets,...) des complexes simpliciaux. Dans un second temps, nous utiliserons la combinatoire de ce complexe pour mieux comprendre la topologie des variétés LVMB qui sont l'objet principal de cette thèse.

Définition: Soit $\mathcal{E}$ un ensemble fondamental sur un ensemble fini V. Le *complexe associé* à $\mathcal{E}$ est l'ensemble $\mathcal{P}$ des parties de V dont le complémentaire dans V est acceptable. Autrement dit,

$$\mathcal{P} = \{ \ P \subset V / \ P^c \in \mathcal{A} \ \}$$

Tout d'abord, il convient de vérifier que $\mathcal{P}$ est bien un complexe simplicial.

Proposition I.1: Soit $\mathcal{E}$ un ensemble fondamental de type (M, n, k) sur un ensemble V. Alors le complexe associé $\mathcal{P}$ est un complexe simplicial sur V. De plus, $\mathcal{P}$ est pur de dimension $(n - M - 1)$, possède $(n - k)$ sommets et $Card(\mathcal{E})$ facettes. Ses sommets sont les éléments non indispensables de $\mathcal{E}$ et ses facettes les complémentaires des éléments de $\mathcal{E}$.

Démonstration: Commençons par vérifier que $\mathcal{P}$ est bien un complexe simplicial sur V. Soit $P \in \mathcal{P}$ et $Q \subset P$. Alors P^c est acceptable. Par conséquent, il existe une partie fondamentale E contenue dans P^c. Mais Q^c contient P^c, et donc E. Donc Q est élément de $\mathcal{P}$, ce qui signifie que l'ensemble $\mathcal{P}$ est un complexe simplicial sur V. Ensuite, les éléments maximaux de $\mathcal{P}$ sont les complémentaires des éléments minimaux de $\mathcal{A}$, c'est-à-dire les complémentaires des éléments de $\mathcal{E}$. Par conséquent, ils ont tous $Card(V) - M = (n - M)$ éléments . On en déduit que $\mathcal{P}$ est pur et de dimension $(n - M - 1)$ et admet $Card(\mathcal{E})$ facettes. Enfin, soit k un élément de V. Alors k est un sommet de $\mathcal{P}$ si et seulement si $V \backslash \{k\}$ contient une partie fondamentale. Cela revient à dire qu'il existe une partie fondamentale qui ne contient pas k. Par définition, cela signifie que k n'est pas indispensable. $\square$

Remarque I.5: Partant d'un ensemble fondamental $\mathcal{E}$ sur V, il y a au moins trois manières naturelles de lui associer un complexe simplicial sur V :

1. le complexe simplicial $\mathcal{P}$ défini précédemment.
2. le complexe simplicial $\mathcal{C}$ sur V dont les facettes sont les éléments de $\mathcal{E}$.
3. le complexe simplicial $\mathcal{B}$ des parties de V qui sont non acceptables.

Le complexe $\mathcal{P}$ semble le plus directement relié aux propriétés géométriques des variétés LVMB (cf. chapitre III). Une étude très sommaire des deux derniers complexes est présentée dans l'annexe A

Réciproquement, tout complexe simplicial pur peut être vu comme complexe associé à un ensemble fondamental :

Proposition I.2: Soit $\mathcal{P}$ un complexe simplicial pur. Alors, pour tout entier k, il existe M, n deux entiers, V un ensemble fini et $\mathcal{E}$ un ensemble fondamental de type (M, n, k) sur V ayant $\mathcal{P}$ pour complexe associé.

Démonstration: Soit d la dimension de $\mathcal{P}$, V_0 l'ensemble de ses sommets et v le cardinal de V_0. Déterminons d'abord les triplets (M, n, k) qui conviennent. Si $\mathcal{P}$ est le complexe associé d'un ensemble fondamental de type (M, n, k), alors on a

$$d = n - M - 1 \quad \text{et} \quad v = n - k$$

Ainsi, on a $M = v + k - d - 1$ et $n = v + k$. Soit $v_1, \ldots, v_k$ k points d'un ensemble quelconque distinct de V_0. On pose $V = V_0 \sqcup \{v_1, \ldots, v_k\}$ puis

$$\mathcal{E} = \{ \ P \subset V / \ V \backslash P \in \mathcal{P} \ \}$$

Il est clair que $\mathcal{E}$ est un ensemble fondamental (car $\mathcal{P}$ est pur) de type (M, n, k) dont le complexe associé est $\mathcal{P}$. $\square$

Exemple 6: Si $\mathcal{P}$ est le *complexe vide* sur un ensemble V, c'est-à-dire que $\mathcal{P} = \{\emptyset\}$, alors l'ensemble fondamental sur V ayant $\mathcal{P}$ pour complexe associé est $\mathcal{E} = \{V\}$. Il est de type (n, n), avec $n = Card(V)$. Inversement, si $\mathcal{E}$ est de type (n, n), alors son complexe associé $\mathcal{P}$ est le complexe simplicial vide. Enfin, si $\mathcal{E}$ est un ensemble fondamental de type (M, n), il est clair que son complexe associé est le complexe vide si et seulement si $M = n$. On verra au chapitre VI que cet exemple correspond au tore.

Définition: Soit $\mathcal{E}_1, \mathcal{E}_2$ deux ensembles fondamentaux (éventuellement de types différents). On dit que $\mathcal{E}_1$ et $\mathcal{E}_2$ sont *congruents* (et on note $\mathcal{E}_1 \equiv \mathcal{E}_2$) si leurs complexes associés $\mathcal{P}_1$ et $\mathcal{P}_2$ sont égaux.

$$\mathcal{E}_1 \equiv \mathcal{E}_2 \Leftrightarrow \mathcal{P}_1 = \mathcal{P}_2$$

On a donc une bijection entre la classe des complexes purs et l'ensemble des classes de congruence d'ensembles fondamentaux.

Exemple 7: Le pentagone $\mathcal{P} = \{\emptyset, (1), (2), (3), (4), (5), (12), (15), (23), (34), (45) \}$ est le complexe associé des ensembles fondamentaux

$$\mathcal{E} = \{(123), (125), (145), (234), (345)\}$$

et

$$\tilde{\mathcal{E}} = \{(12367), (12567), (14567), (23467), (34567)\}$$

de types respectifs $(3, 5, 0)$ et $(5, 7, 2)$.

3   Propriétés du complexe associé et *PEUR*

Commençons par reformuler le $PEUR$ en fonction de $\mathcal{P}$:

Proposition I.3: $\mathcal{E}$ vérifie le $PEUR$ si et seulement si

$$\forall Q \in \mathcal{P}_{max}, \ \forall k \in V, \ \exists! \ k' \notin Q; \ (Q \cup \{k'\}) \backslash \{k\} \in \mathcal{P}_{max}$$

(on a noté $\mathcal{P}_{max}$ l'ensemble des facettes de $\mathcal{P}$).

Démonstration: Supposons que $\mathcal{E}$ vérifie le *PEUR*. Soit Q une facette de $\mathcal{P}$ et k un éléments de V. Alors $P = Q^c$ est élément de $\mathcal{E}$. Par le *PEUR*, il existe un unique k' dans P (donc $k' \notin Q$) tel que $P' = (P\backslash\{k'\}) \cup \{k\}$ est aussi élément de $\mathcal{E}$. Donc P'^c est une facette de $\mathcal{P}$. Or $P'^c = (Q \cup \{k'\})\backslash\{k\}$. L'élément k' est bien unique puisque si $Q'' = (Q \cup \{k''\})\backslash\{k\}$ était une facette de $\mathcal{P}$ avec $k'' \neq k'$ et $k'' \notin Q$, alors par passage au complémentaire, on aurait $(P\backslash\{k''\}) \cup \{k\}$ dans $\mathcal{E}$, ce qui contredit le *PEUR*.

Réciproquement, soit P une partie fondamentale et k un élément de V. Alors $P = Q^c$ est une facette de $\mathcal{P}$. Par hypothèse, il existe $k' \in P$ tel que $Q' = (Q \cup \{k'\})\backslash\{k\}$ est aussi une facette de $\mathcal{P}$. Par passage au complémentaire, on obtient que $Q'^c = (P\backslash\{k'\}) \cup \{k\}$ est aussi une partie fondamentale. De plus, k' est unique. $\square$

Corollaire I.3.1: Soit $\mathcal{E}$ un ensemble fondamental de type (M, n) avec $n > M$. Alors $\mathcal{P}$ vérifie le *PEUR* si et seulement si toute crête de $\mathcal{P}$ est contenue dans exactement deux facettes de $\mathcal{P}$.

Démonstration: Supposons que $\mathcal{E}$ vérifie le *PEUR*. Soit alors P une crête de $\mathcal{P}$. Par définition, Q est contenue dans une facette P de $\mathcal{P}$. Il existe $k \notin Q$ tel que $P = Q \sqcup \{k\}$. D'après la proposition I.3, il existe donc un élément $k' \notin P$ (et donc $k \neq k'$) tel que $P' = (P \cup \{k'\})\backslash\{k\}$ est une facette de $\mathcal{P}$. Or $P' = Q \sqcup \{k'\}$ donc Q est contenue dans au moins 2 facettes de $\mathcal{P}$.

Supposons que Q soit contenue dans une troisième facette $P'' = Q \sqcup \{k''\}$. On a alors $P'' = (P \cup \{k''\})\backslash\{k\}$, ce qui contredit la proposition I.3.

Réciproquement, soit Q une facette de $\mathcal{P}$ et $k \in V$.

Si $k \in Q$, alors $P = Q\backslash\{k\}$ est une crête et par hypothèse, P est contenue dans exactement deux facettes Q_1 et Q_2. L'une d'elle, disons Q_1, est Q. Alors $Q_2 = P \cup \{k'\}$, avec $k' \notin Q$ (sinon $Q_2 = Q = Q_1$). On a donc $Q_2 = (Q \cup \{k'\})\backslash\{k\}$. De plus, k' est bien unique puisque si $Q_3 = (Q \cup \{k''\})\backslash\{k\}$ est une facette de $\mathcal{P}$ avec $k'' \notin Q$, alors Q_3 contient P et par hypothèse, $Q_3 = Q_2$ (i.e $k'' = k'$).

Si $k \notin Q$, remarquons alors que l'élément k' tel que $Q' = (Q \cup \{k'\})\backslash\{k\}$ soit une facette de $\mathcal{P}$ est nécessairement $k' = k$. En effet, si $k' = k$, alors $Q' = Q$ est bien une facette. Et si $k' \neq k$, alors $k \notin Q \cup \{k'\}$ et donc $Q' = Q \cup \{k'\}$ n'est pas dans $\mathcal{P}$ (son cardinal est strictement plus grand que celui d'une facette de $\mathcal{P}$). D'après la proposition I.3, l'ensemble fondamental $\mathcal{E}$ vérifie le *PEUR*. $\square$

Corollaire I.3.2: Soit $\mathcal{E}$ un ensemble fondamental sur V de type (M, n) avec $n > M$. Si $\mathcal{E}$ vérifie le *PEUR*, alors $\mathcal{P}$ n'est pas le simplexe plein sur V.

Démonstration: Supposons que $\mathcal{P}$ soit le simplexe plein. Alors $\mathcal{P}$ n'a qu'une facette, à savoir V. Ainsi, les crêtes de $\mathcal{P}$ sont contenues dans une unique facette, ce qui contredit corollaire I.3.1. $\square$

Définition: Soit K un complexe simplicial sur V et σ l'un de ses simplexes. On définit trois *sous-complexes*[4] de K :

1. $link_K(\sigma) = \{\ \tau \in K/\ \tau \cup \sigma \in K,\ \tau \cap \sigma = \emptyset\ \}$ est le *link* de σ dans K.

2. $star_K(\sigma) = \{\ \tau \in K/\ \tau \cup \sigma \in K\ \}$ est *l'étoile* de σ dans K.

3. Si $S \subset V$ (s n'étant pas nécessairement un simplexe), le *sous-complexe maximal* de K engendré par S est $K_S = \{\ \tau \in K/\ \tau \subset S\ \}$.

On pose aussi $core(V) = \{\ v \in V/\ star(v) \neq K\ \}$ et $core(K) = K_{core(V)}$. Ce dernier complexe est appelé *noyau* de K.

Exemple 8: On considère l'octaèdre K, c'est-à-dire le complexe simplicial dont les facettes sont les éléments de

$$\{(125), (126), (145), (146), (235), (236), (345), (346)\}$$

Si $S = (1234)$, alors K_S est le carré

$$\{\ (12), (14), (23), (34)\ \}$$

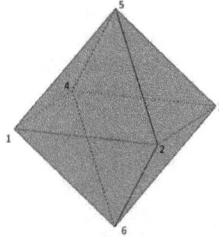

FIGURE 2 – Une réalisation du complexe de l'exemple 8. Le sous-complexe maximal de l'octaèdre engendré par les sommets 1,2,3 et 4 est le carré rouge.

Proposition I.4: Soit $\mathcal{E}$ un ensemble fondamental sur V vérifiant le *PEUR* et $\mathcal{P}$ le complexe fondamental associé. Alors on a $core(V) = V$.

Démonstration: Soit v un élément de V. Il existe une facette de $\mathcal{P}$, disons σ, qui ne contient pas v. En effet, dans le cas contraire, cela signifierait que v n'appartient à aucune partie fondamentale, ce qui est absurde d'après le *PEUR* (cf. la remarque I.3). On a alors $\sigma \sqcup \{v\} \notin \mathcal{P}$ (son cardinal est strictement plus grand que celui d'une facette de $\mathcal{P}$). donc $\sigma \notin star(v)$. On en déduit que $star(v) \neq \mathcal{P}$, d'où $core(V) = V$. $\square$

---

4. Un *sous-complexe* d'un complexe simplicial K est un complexe simplicial contenu dans K.

Corollaire I.4.1: Soit $\mathcal{E}$ un ensemble fondamental sur V vérifiant le $PEUR$ et $\mathcal{P}$ le complexe fondamental associé. Alors $core(\mathcal{P}) = \mathcal{P}$.

Démonstration: D'après la proposition I.4, on a $core(V) = V$. Par conséquent, il est clair que

$$core(\mathcal{P}) = \mathcal{P}_{core(V)} = \mathcal{P}_V = \mathcal{P}$$

$\square$

Définition: Soit $\mathcal{E}$ un ensemble fondamental de type (M, n). On construit un graphe non orienté Γ *graphe des remplacements* de $\mathcal{E}$ de la manière suivante :
- Ses sommets sont les éléments de $\mathcal{E}$.
- Deux sommets P et Q sont reliés par une arête si et seulement s'il existe $k \notin P, k' \in P$ tels que $Q = (P \backslash \{k'\}) \cup \{k\}$. Autrement dit, on relie deux éléments de $\mathcal{E}$ si et seulement s'ils diffèrent d'exactement un élément.

Remarquons que les propriétés combinatoires de $\mathcal{E}$ se lisent sur le graphe des remplacements :

Proposition I.5: Soit $\mathcal{E}$ un ensemble fondamental de type $(2m + 1, n)$ et Γ son graphe des remplacements. Alors :

1. Si $\mathcal{E}$ vérifie le PER, alors chaque sommet de Γ est relié à au moins $(n - M)$ autres sommets.

2. Si $\mathcal{E}$ vérifie le $PEUR$, alors chaque sommet de Γ est relié à exactement $(n - M)$ autres sommets.

Démonstration:

1. Soit $P \in \mathcal{E}$. Si $\mathcal{E}$ vérifie le PER, alors pour tout $k \notin P$, il existe $k' \in P$ tel que $Q = (P \backslash \{k'\}) \cup \{k\}$ est élément de $\mathcal{E}$. Les ensembles P et Q diffèrent d'un élément donc P et Q sont reliés dans Γ. Ceci démontre 1).

2. Si $\mathcal{E}$ vérifie le $PEUR$, alors il vérifie le PER et donc P est relié à au moins $n - M$ sommets. Inversement, si P et Q sont reliés dans Γ, alors notons k' l'unique élément de $P \backslash Q$ et k celui de $Q \backslash P$. Ainsi, k est un remplaçant de k' dans P. Comme chaque élément de $V \backslash P$ remplace exactement un élément de P, le sommet P est relié à au plus $n - M$ sommets de Γ. En conséquence, P est relié à exactement $(n - M)$ autres sommets. $\square$

Proposition I.6: Soit $\mathcal{E}$ un ensemble fondamental de type (M, n) vérifiant le $PEUR$. Alors il existe un entier $p \in \mathbb{N}^*$ et des ensembles fondamentaux $\mathcal{E}_j$ de type (M, n) qui sont minimaux pour le $PEUR$ et tels que $\mathcal{E}$ est l'union disjointe $\bigsqcup_{j=1}^{p} \mathcal{E}_j$.

Démonstration: On raisonne par récurrence sur le cardinal de $\mathcal{E}$. Si $\mathcal{E}$ est minimal pour le $PEUR$, alors il n'y a rien à faire. Supposons que ce n'est pas le cas : il existe alors une partie $\mathcal{E}_1$ strictement incluse dans $\mathcal{E}$ qui est minimale pour le $PEUR$. On note $\overline{\mathcal{E}}$ le complémentaire $\mathcal{E}\backslash\mathcal{E}_1$. Il est clair que $\overline{\mathcal{E}}$ est un ensemble fondamental de type (M, n). Nous affirmons que $\overline{\mathcal{E}}$ vérifie le $PEUR$. En effet, soit P un élément de $\overline{\mathcal{E}}$ et $k \in V$. Si $k \in P$, alors on pose $k' = k$ et on a $(P\backslash\{k'\}) \cup \{k\} = P$ est un élément de $\overline{\mathcal{E}}$. C'est le seul choix possible pour k' puisque P est une partie fondamentale de $\mathcal{E}$ et $\mathcal{E}$ vérifie le $PEUR$. Supposons maintenant que k n'est pas élément de P. Puisque P est un élément de $\mathcal{E}$, il existe un et un seul élément $k' \in P$ tel que $P' = (P\backslash\{k'\})\cup\{k\}$ est aussi élément de $\mathcal{E}$. Cependant, P' ne peut pas être élément de $\mathcal{E}_1$. En effet, si c'était le cas, puisque $\mathcal{E}_1$ est minimal pour le $PEUR$, il existerait un unique élément $k'' \in P'$ tel que $P'' = (P'\backslash\{k''\}) \cup \{k'\} \in \mathcal{E}_1$. Mais $P = (P'\backslash\{k\})\cup\{k'\}$ est dans $\mathcal{E}$ et $k \in P'$. Par conséquent, on a $k'' = k$ et $P'' = P$. Il en résulte que $\overline{\mathcal{E}}$ est un ensemble fondamental de type (M, n) qui vérifie le $PEUR$ et a un cardinal strictement inférieur à celui de $\mathcal{E}$. En appliquant l'hypothèse de récurrence sur $\overline{\mathcal{E}}$, on obtient la décomposition de $\mathcal{E}$ que nous cherchions. $\square$

Remarque I.6: La décomposition de la proposition I.6 induit une décomposition de l'ensemble des sommets du graphe des remplacements Γ. Durant la démonstration, on a montré qu'un élément de $\mathcal{E}_j$ n'est relié qu'à d'autres éléments de $\mathcal{E}_j$. Par conséquent, chaque ensemble $\mathcal{E}_j$ est l'ensemble des sommets d'une composante connexe de Γ. Cela implique aussi que cette décomposition est unique (à l'ordre près). Nous appellerons *composantes connexes* de $\mathcal{E}$ les ensembles $\mathcal{E}_j$.

Corollaire I.6.1: Soit $\mathcal{E}$ un ensemble fondamental de type (M, n) et Γ son graphe des remplacements. On suppose que $\mathcal{E}$ vérifie le $PEUR$. Alors les propriétés suivantes sont équivalentes :

1. $\mathcal{E}$ est minimal pour le $PEUR$.
2. $\mathcal{E}$ a une seule composante connexe.
3. Γ est connexe.

Définition: Soit K un complexe simplicial. On dit que K est une *pseudo-variété* si K vérifie les deux propriétés suivantes :

1. toute crête de K est contenue dans exactement deux facettes.
2. pour toutes facettes σ, τ de K, il existe une chaîne de facettes

$$\sigma = \sigma_1, \ldots, \sigma_n = \tau$$

de K telles que $\sigma_i \cap \sigma_{i+1}$ est une crête de K pour tout $i \in \{0, \ldots, n-1\}$.

Par exemple, toute sphère simpliciale (cf. définition page 32) est une pseudo-variété. Plus généralement, la triangulation d'une variété (c'est-à-dire un complexe simplicial dont une (et donc toute) réalisation est homéomorphe à une variété topologique) est aussi une pseudo-variété. Maintenant, la proposition suivante montre que la notion de pseudo-variété est exactement la propriété combinatoire de $\mathcal{P}$ qui traduit le fait pour $\mathcal{E}$ d'être minimal pour le *PEUR* :

Proposition I.7: Soit $\mathcal{E}$ un ensemble fondamental de type (M, n) avec $n > M$. Alors $\mathcal{P}$ est une pseudo-variété si et seulement si $\mathcal{E}$ est minimal pour le *PEUR*.

Démonstration: D'une part, supposons que $\mathcal{E}$ est minimal pour le *PEUR*. Cela implique que toute crête est contenue dans exactement deux facettes de $\mathcal{P}$ (cf. corollaire I.3.1). De plus, soit σ, τ deux facettes distinctes de $\mathcal{P}$. Alors $P = \sigma^c$ et $Q = \tau^c$ sont deux parties fondamentales. Puisque $\mathcal{E}$ est minimal pour le *PEUR*, Γ est connexe (cf. corollaire I.6.1). Par conséquent, il existe une suite $P_0 = P, P_1, \ldots, P_r = Q$ de parties fondamentales telles que P_i et P_{i-1} diffèrent exactement d'un élément. On note R_i la partie acceptable $P_{i-1} \cup P_i$ (remarquons que R_i a $M + 1$ éléments). Son complémentaire R_i^c est donc une face de $\mathcal{P}$ avec $n - M - 1 = dim(\mathcal{P})$ éléments, i.e une crête. Si on pose $\sigma_i = P_i^c$, on a $R_i^c = \sigma_{i-1} \cap \sigma_i$ et donc $\sigma_0 = \sigma, \ldots, \sigma_r = \tau$. Par conséquent, $\mathcal{P}$ est une pseudo-variété.

D'autre part, supposons que $\mathcal{P}$ est une pseudo-variété. Alors, en utilisant corollaire I.3.1, on peut affirmer que $\mathcal{E}$ vérifie le *PEUR*. De plus, $\mathcal{E}$ sera minimal pour le *PEUR* si et seulement si Γ est connexe (cf. corollaire I.6.1). Soit σ, τ deux éléments distincts de $\mathcal{E}$. Alors σ^c et τ^c sont des facettes de $\mathcal{P}$. Puisque $\mathcal{P}$ est une pseudo-variété, il existe une suite $\sigma_0 = \sigma^c, \sigma_1, \ldots, \sigma_r = \tau^c$ de facettes de $\mathcal{P}$ telles que pour tout i, σ_i et σ_{i-1} partagent une crête de $\mathcal{P}$. Cela signifie que σ_i^c et σ_{i-1}^c sont des parties fondamentales de $\mathcal{E}$ qui diffèrent exactement d'un élément, et par conséquent, σ_i^c et σ_{i-1}^c sont reliées dans Γ. Cela implique que Γ est connexe et donc que $\mathcal{E}$ est minimal pour le *PEUR*. $\square$

Remarque I.7: Le cas où $n = M$ correspond à $\mathcal{P} = \{\emptyset\}$. Ce n'est pas une pseudo-variété puisque le seul simplexe maximal, $\emptyset$, ne contient aucun simplexe de dimension strictement plus petite.

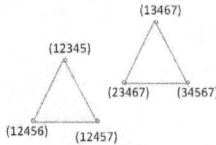

FIGURE 3 – Graphe d'un ensemble fondamental non minimal pour le *PEUR*

Corollaire I.7.1: Soit $\mathcal{E}$ un ensemble fondamental. Alors $\mathcal{E}$ vérifie le *PEUR* si et seulement si $\mathcal{P}$ est une union disjointe de pseudo-variétés.

Démonstration: Si $\mathcal{E}$ vérifie le $PEUR$, on le décompose en composantes connexes $\mathcal{E}_1, \ldots, \mathcal{E}_p$. Alors $\mathcal{P}$ se décompose en une union disjointe de complexes simpliciaux $\mathcal{P}_1, \ldots, \mathcal{P}_p$ telle que chaque chaque $\mathcal{P}_j$ est le complexe associé à l'ensemble fondamental $\mathcal{E}_j$. Chaque $\mathcal{E}_j$ est minimal pour le $PEUR$ donc, d'après la proposition I.7, $\mathcal{P}_j$ est une pseudo-variété. La réciproque est analogue. $\square$

4 Sphères rationnellement étoilées

Commençons par rappeler les définitions utilisées dans cette thèse.

Définition: Un *complexe géométrique* C est un ensemble de simplexes (enveloppe convexe de points affinement indépendants) de $\mathbb{R}^d$ vérifiant les propriétés suivantes :

– Si σ est élément de C, alors toute face (y compris l'ensemble vide) de σ est élément de C.
– Si σ et τ sont des éléments de C, alors $\sigma \cap \tau$ est une face de σ et une face de τ.

Le *support* de C est l'union $|C|$ de ses éléments. On identifiera souvent C à son support. On munit le support de la topologie induite par la topologie usuelle de $\mathbb{R}^d$. Notons que les supports de deux réalisations d'un même complexe sont homéomorphes.

Définition: Soit K un complexe simplicial. Un complexe géométrique C est une *réalisation* de K s'il existe une bijection entre l'ensemble des sommets de K et l'ensemble des sommets de C telle que l'image de toute face de K est l'ensemble des sommets d'un simplexe de C.

Définition: Soit K un complexe simplicial de dimension d. On dit que K est une *d-sphère simpliciale* si K admet une réalisation C dans $\mathbb{R}^q$ (pour un certain q) tel que le support de C soit homéomorphe à S^d.

Par exemple, tout complexe polytopal (défini comme dans l'exemple 2) est une sphère simpliciale. Par contre, il existe des sphères simpliciales non polytopales (cf. [GS] ou [Bar]). Ces sphères non polytopales joueront un grand rôle dans la suite. On sait que toute sphère simpliciale de dimension 2 est polytopale (cf. [G] par exemple). De plus, d'après un théorème de Mani (cf. [Man]), toute sphère simpliciale de dimension d à au plus $d + 4$ sommets est polytopale. Dans [GS], il est prouvé qu'il existe 39 sphères simpliciales de dimension 3 à 8 sommets (à équivalence combinatoire près) dont 37 sont polytopales. Les deux restantes sont appelées sphère de Barnette (du nom de son découvreur, cf. [Bar]) et sphère de Brückner (car découverte dans [Brü]).

Remarque I.8: Le fait de savoir si une sphère simpliciale de dimension d admet une réalisation dans $\mathbb{R}^{d+1}$ est un problème ouvert (cf. [MW], §5).

Définition: Soit K une d-sphère simpliciale. On dit que K est *rationnellement étoilée* s'il existe un réseau L de $\mathbb{R}^{d+1}$, un point p de L et une réalisation $|K|$ de K dans $\mathbb{R}^{d+1}$ tels que tous les sommets de $|K|$ sont éléments de L et tout rayon émanant de p [5] intersecte $|K|$ en exactement un point. On dit que la réalisation $|K|$ est *rationnellement étoilée* pour le réseau R et que p est dans le *centre* de $|K|$.

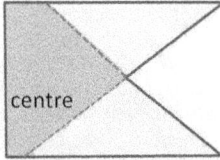

FIGURE 4 – Réalisation étoilée non convexe du pentagone. Le centre est l'ensemble des points de la zone plus foncé à l'intérieur de la réalisation du pentagone.

Les complexes polytopaux sont des exemples simples de sphères rationnellement étoilées. En effet, tout d-polytope simplicial admet une réalisation dans $\mathbb{R}^d$ dont les sommets ont des coordonnées entières [6]. Cette réalisation est convexe et donc le complexe simplicial associé à sa frontière admet une réalisation rationnellement étoilée.

Trouver des exemples non polytopaux est difficile car il faut trouver un exemple qui soit

1. une d-sphère simpliciale non polytopale,
2. réalisable dans $\mathbb{R}^{d+1}$,
3. ayant une réalisation étoilée dans $\mathbb{R}^{d+1}$,
4. les sommets d'une réalisation étoilée doivent être situés sur un réseau.

Notons qu'il existe aussi des sphères simpliciales non étoilées (cf. [E], Theorem 5.5). Dans le chapitre II, nous allons construire une réalisation rationnellement étoilée de la sphère de Brückner.

---

5. Un rayon émanant de p est une demie-droite de $\mathbb{R}^{d+1}$ d'origine p.
6. remarquons que ceci n'est pas vrai pour les polytopes en général (cf. [Z], §6.5)

Proposition I.8: Soit K une d-sphère rationnellement étoilée. Alors on peut trouver une réalisation rationnellement étoilée $|K|$ de K pour le réseau $\mathbb{Z}^{d+1}$, de centre 0 et telle que la base canonique de $\mathbb{Z}^{d+1}$ soit formée de sommets de $|K|$.

Remarque I.9: Je remercie Santiago Lopez de Medrano pour l'idée de la démonstration de la proposition.

Démonstration: Soit L un réseau, p un point de L et R_0 une réalisation de K telle que R_0 est rationnellement étoilée par rapport à L et de centre p. On note aussi $(e_1, \ldots, e_{d+1})$ la base canonique de $\mathbb{R}^{d+1}$.

Soit t la translation de vecteur $-p$. Alors $t(L) = L$ (car $p \in L$) et si on pose $R_1 = t(R_0)$, alors il est clair que R_1 est une réalisation de K rationnellement étoilée par rapport à L et de centre 0. Notons maintenant $v_1, \ldots, v_{d+1}$ une base du réseau L et ϕ l'automorphisme linéaire de $\mathbb{R}^{d+1}$ envoyant v_j sur e_j. Alors $\phi(L) = \mathbb{Z}^{d+1}$ est un réseau. De plus, si on note $R_2 = \phi(R_1)$, il est clair que R_2 est une réalisation de K rationnellement étoilée par rapport à $\mathbb{Z}^{d+1}$ et de centre $\phi(0) = 0$.
Enfin, on note $w_1, \ldots, w_n$ les différents sommets de R_2. Pour simplifier la démonstration, quitte à réindicer les sommets, on peut supposer que $w_1, \ldots, w_{d+1}$ sont les sommets d'une facette de K. Par conséquent, $(w_1, \ldots, w_{d+1})$ est une famille libre de $\mathbb{R}^{d+1}$ (et donc une base). Soit φ l'automorphisme linéaire envoyant e_j sur w_j et $\tilde{L} = \varphi(\mathbb{Z}^{d+1})$. Comme $(w_1, \ldots, w_{d+1})$ est une base, $\tilde{L}$ est un réseau. Il est possible que $w_{d+2}, \ldots, w_n$ ne soient pas éléments de $\tilde{L}$. Cependant, si δ est le déterminant de φ, alors δ est un entier relatif et $\delta w_{d+2}, \ldots \delta w_n$ sont des points du réseau $\tilde{L}$. En effet, soit M la matrice de passage de la base $(e_1, \ldots, e_{d+1})$ à la base $(w_1, \ldots, w_{d+1})$. Alors M est inversible et $M^{-1} = \frac{1}{\delta} N$, où $N = Com(M)^t \in M_{d+1}(\mathbb{Z})$ est la transposée de la comatrice de M. Ainsi, pour $k \in \{d+2, \ldots, n\}$, on a

$$w_k = \sum_{j=1}^{d+1} \lambda_j^k e_j = \sum_{j=1}^{d+1} \lambda_j^k M^{-1} w_j = \frac{1}{\delta} \sum_{j=1}^{d+1} \lambda_j^k N w_j$$

donc δw_k est combinaison linéaire des $w_1, \ldots, w_{d+1}$. Les points

$$w_1, \ldots, w_{d+1}, |\delta| w_{d+2}, \ldots, |\delta| w_n$$

sont les sommets d'une réalisation étoilée pour le réseau $\mathbb{Z}^{d+1}$, de centre 0 et tel que $e_1, \ldots, e_{d+1}$ sont des sommets de la réalisation. $\square$

Chapitre II

Une réalisation rationnellement étoilée de la sphère de Brückner

Dans cette section, nous allons calculer les coordonnées des sommets d'une réalisation étoilée pour la sphère de Brückner. Nous suivons la construction de [MW].

Définition: La sphère de Brückner est le complexe simplicial $\mathcal{M}$ dont les 20 facettes sont ([MW] et aussi [GS]) :

(1234)	(1237)	(1248)	(1267)
(1268)	(1347)	(1478)	(1567)
(1568)	(1578)	(2345)	(2358)
(2367)	(2368)	(2458)	(3456)
(3467)	(3568)	(4567)	(4578)

Dans [MW], deux réalisations de la sphère de Brückner sont données. La première est totalement explicite (i.e. les coordonnées des sommets sont données) mais n'est pas étoilée. La seconde réalisation est étoilée (et est donc celle qui nous intéresse) mais seule la méthode de construction est donnée. Nous allons donc en calculer explicitement les coordonnées. La sphère de Brückner est la frontière de la différence symétrique entre le 4-polytope à 7 sommets P_{32}^8 (notation de [GS]) et un simplexe dont les sommets sont des sommets de P_{32}^8. Le polytope P_{32}^8 est lui-même obtenu du 4-polytope à 7 sommets P_5^7 (notation de [GS]) par la technique du "beneath-beyond" (cf. [G], §5.2). Il s'agit donc de réaliser rationnellement le polytope P_5^7, puis de rajouter un sommet pour obtenir P_{32}^8, enfin de vérifier que la réalisation obtenue est étoilée (en particulier, déterminer un centre).

1 Réalisation rationnelle de P_5^7

La construction débute avec une réalisation rationnelle de P_5^7 qui est l'unique polytope simplicial "*neighborly*" de dimension 4 à 7 sommets (ici, "neighborly" signifie que pour tous sommets i et j de P_5^7, le segment $[i, j]$ est une arête du polytope). D'après [GS], P_5^7 est le complexe simplicial dont les facettes sont :

$$\begin{array}{cccc}
(1234) & (1237) & (1245) & (1256) \\
(1267) & (1347) & (1457) & (1567) \\
(2345) & (2356) & (2367) & (3456) \\
(3467) & (4567) & &
\end{array}$$

Le site du logiciel *Polymake* (http://www.math.tu-berlin.de/polymake/) donne une réalisation[1] de ce polytope avec pour sommets :

$$\begin{aligned}
v_1 &= (-14, -18, -18, 16) \\
v_2 &= (-13, 0, 0, 0) \\
v_3 &= (0, 0, 0, -13) \\
v_4 &= (2, -2, -10, -8) \\
v_5 &= (0, 0, -13, 0) \\
v_6 &= (0, 0, 0, 0) \\
v_7 &= (0, -13, 0, 0)
\end{aligned}$$

2 Technique du "beneath-beyond"

Reste à déterminer les coordonnées du huitième sommet v_8 de P_{32}^8. L'adjonction d'un sommet à un polytope se fait par méthode du "*beneath-beyond*" :

Définition ([G], §5.2): Soit P un d-polytope de $\mathbb{R}^d$. Soit F une facette de P. On note $Aff(F)$ le sous-espace affine engendré par F. On considère un point v qui n'est ni dans P ni dans l'enveloppe affine de F. Alors :

1. v est *au delà* (*beyond*) de F si v est dans le demi-espace ouvert délimité par $Aff(F)$ qui ne rencontre pas P.

2. v est *au-dessous* (*beneath*) de F si v est dans le demi-espace ouvert délimité par $Aff(F)$ contenant l'intérieur de P

---

1. Le site de *Polymake* n'ordonne pas ces sommets comme dans [GS]. On a utilisé la permutation

$$\begin{pmatrix} 0 & 1 & 2 & 3 & 4 & 5 & 6 \\ 1 & 4 & 6 & 2 & 7 & 5 & 3 \end{pmatrix}$$

entre les sommets du polytope de *Polymake* et ceux de [GS].

Proposition II.1 ([G], §5.2): Soit P un d-polytope de $\mathbb{R}^d$ et v un point n'appartenant ni à P ni à aucune des enveloppes affines des facettes de P. On pose $P^* = Conv(\{v\} \cup P)$. Alors :

1. Les facettes de P^* ne contenant pas v sont exactement les facettes F de P telles que v est au dessous de F.

2. Les facettes de P^* contenant v sont exactement les ensembles de la forme $Conv(G \cup \{v\})$, où G est une crête de P telle que parmi les deux facettes de P contenant G [2], v est au dessous de l'une et au-delà de l'autre.

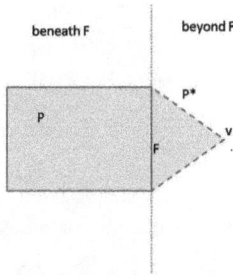

FIGURE 1 – Technique du beneath-beyond

Dans [GS], P_{32}^8 est construit à partir de P_5^7 en rajoutant un sommet v_8 tel que v_8 est au delà des facettes (1234), (1237) et (1267) de P_5^7 et au-dessous de toutes les autres. Ainsi, combinatoirement, P_{32}^8 est le complexe simplicial dont les facettes sont :

(1245)	(1248)	(1256)	(1268)	(1347)	(1348)	(1378)
(1457)	(1567)	(1678)	(2345)	(2348)	(2356)	(2367)
(2378)	(2678)	(3456)	(3467)	(4567)		

Pour trouver les coordonnées d'un point v_8 qui convient, il suffit de trouver une solution à un système d'inéquations linéaires correspondant à l'appartenance du point aux demi-espaces ouverts au-delà ou au-dessous des facettes de P_5^7 :

---

2. G est contenue dans exactement deux facettes de P, puisque la frontière de P est une sphère polytopale, et donc une pseudo-variété

$$\begin{aligned}
6x_1 + x_2 + 4x_3 + 6x_4 &< -78 \\
6x_1 + 6x_2 - x_3 + 6x_4 &< -78 \\
8x_3 + 9x_4 &> 0 \\
8x_2 + 9x_4 &< 0 \\
22x_1 - 9x_2 + 22x_3 + 16x_4 &> -286 \\
7x_1 + 22x_2 + 8x_3 + 22x_4 &> -286 \\
21x_1 - 10x_2 - 10x_3 + 4x_4 &< 130 \\
8x_1 + 7x_4 &< 0 \\
2x_1 - 3x_2 + 2x_3 + 2x_4 &> -26 \\
x_2 &< 0 \\
x_3 &< 0 \\
5x_1 + x_3 &< 0 \\
x_1 + x_2 &< 0 \\
4x_1 + x_4 &< 0
\end{aligned}$$

On trouve [3] par exemple $v_8 = (-\frac{163}{5}, -\frac{197}{10}, -\frac{11}{10}, \frac{35}{2})$

Ensuite, suivant [MW], on renomme les sommets $\{1, 2, 3, 4, 5, 6, 7, 8\}$ en $\{8, 6, 7, 1, 2, 3, 4, 5\}$. Le polytope P_{32}^8 est alors le complexe dont les facettes sont

$$\begin{array}{ccccccc}
(1234) & (1237) & (1248) & (1267) & (1268) & (1347) & (1478) \\
(1567) & (1568) & (1578) & (2348) & (2367) & (2368) & (3456) \\
(3458) & (3467) & (3568) & (4567) & (4578)
\end{array}$$

et les sommets sont donnés par

$$\begin{aligned}
v_1 &= (2, -2, -10, -8) \\
v_2 &= (0, 0, -13, 0) \\
v_3 &= (0, 0, 0, 0) \\
v_4 &= (0, -13, 0, 0) \\
v_5 &= (-\frac{163}{5}, -\frac{197}{10}, -\frac{11}{10}, \frac{35}{2}) \\
v_6 &= (-13, 0, 0, 0) \\
v_7 &= (0, 0, 0, -13) \\
v_8 &= (-14, -18, -18, 16)
\end{aligned}$$

On remarque alors que la sphère de Brückner $\mathcal{M}$ est la *différence symétrique* de P_{32}^8 et du complexe formé par les parties strictes de $\{2, 3, 4, 5, 8\}$ (la différence

---

3. les calculs ont été effectué en utilisant Maple, notamment les bibliothèques de programmation linéaire

symétrique de deux complexes K_1 et K_2 est le complexe dont les facettes sont soit des facettes de K_1 soit des facettes de K_2 mais pas des deux.) En particulier, on peut réaliser $\mathcal{M}$ et P_{32}^8 avec les mêmes sommets. En multipliant les coordonnées des $v_1, \dots, v_8$ par 10, on obtient une réalisation rationnelle de $\mathcal{M}$ avec pour sommets :

$$v_1 = (20, -20, -100, -80)$$
$$v_2 = (0, 0, -130, 0)$$
$$v_3 = (0, 0, 0, 0)$$
$$v_4 = (0, -130, 0, 0)$$
$$v_5 = (-326, -197, -11, 175)$$
$$v_6 = (-130, 0, 0, 0)$$
$$v_7 = (0, 0, 0, -130)$$
$$v_8 = (-140, -180, -180, 160)$$

Cette réalisation est étoilée (cf. [MW] ou calcul plus bas).

On a donc montré le résultat suivant :

Proposition II.2: La sphère de Brückner est rationnellement étoilée.

3   Calcul d'un centre de la sphère

Dans [MW], les auteurs affirment que la réalisation précédente est étoilée mais ne donnent pas de coordonnées pour un centre de la réalisation. Nous allons effectuer le calcul ici. Trouver un centre revient à nouveau à résoudre un système d'inéquations linéaires. En effet, si K est une $(d-1)$-sphère simpliciale réalisée dans $\mathbb{R}^d$, alors, d'après le théorème de Jordan, sa réalisation $|K|$ sépare $\mathbb{R}^d \backslash |K|$ en deux composantes connexes : une composante bornée, "l'intérieur" de la sphère, et une composante non bornée, "l'extérieur" de la sphère. On peut alors faire un choix cohérent de vecteurs normaux pour les facettes en choisissant par exemple des vecteurs normaux sortant (i.e. pointant vers l'extérieur). Si F est une facette de K, le demi-espace affine ouvert délimité par $Aff(F)$ et contenant le vecteur normal sortant est noté F_+, l'autre étant noté F_-. Il est clair que $|K|$ est une réalisation étoilée si et seulement si $\bigcap_{F \, facettes} F_-$ est non vide. Dans ce cas, $\bigcap_{F \, facettes} F_-$ est exactement le centre de $|K|$.

Pour la sphère de Brückner, le système d'équations obtenu est

$$
\begin{aligned}
4x_1 + x_4 &< 0 \\
x_1 + x_2 &< 0 \\
-2x_1 + 3x_2 - 2x_3 - 2x_4 &< 260 \\
5x_1 + x_3 &< 0 \\
-1948x_1 + 287x_2 - 1421x_3 - 1948x_4 &< 253240 \\
175x_1 + 326x_4 &< 0 \\
x_2 &< 0 \\
x_3 &< 0 \\
175x_3 + 11x_4 &< 0 \\
-11x_1 - 11x_2 + 218x_3 - 11x_4 &< 1430 \\
x_1 - 1383x_2 - 1555x_4 &< 0 \\
8x_2 + 9x_4 &< 0 \\
1487x_2 + x_3 + 1674x_4 &< 0 \\
-22x_1 + 9x_2 - 22x_3 - 16x_4 &< 2860 \\
-4094x_1 + 1642x_2 - 4075x_3 - 2993x_4 &< 532220 \\
21x_1 - 10x_2 - 10x_3 + 4x_4 &< 1300 \\
2777x_1 + 2766x_2 + 2766x_3 + 6406x_4 &< -359580 \\
-7x_1 - 22x_2 - 8x_3 - 22x_4 &< 2860 \\
-521x_1 - 1616x_2 - 592x_3 - 1622x_4 &< 210860 \\
-1823x_1 - 5714x_2 - 2074x_3 - 5714x_4 &< 742820
\end{aligned}
$$

Utilisant des arguments de programmation linéaire, on trouve qu'une solution de ce système est $C = (-143, -\frac{197}{5}, -\frac{141}{5}, 35)$. Finalement, on effectue une translation (pour que le centre soit 0) puis une homothétie (pour que la réalisation ait des sommets à coordonnées entières) et on obtient que

$$
\begin{aligned}
v_1 &= (815, 97, -359, -575), \\
v_2 &= (715, 197, -509, -175), \\
v_3 &= (715, 197, 141, -175), \\
v_4 &= (715, -453, 141, -175), \\
v_5 &= (-915, -788, 86, 700), \\
v_6 &= (65, 197, 141, -175), \\
v_7 &= (715, 197, 141, -825), \\
v_8 &= (15, -703, -759, 625)
\end{aligned}
$$

est une réalisation rationnellement étoilée de la sphère de Brückner dont l'origine est un centre.

Chapitre III

Variétés LVMB

1 Construction des variétés LVMB

Dans cette première section, nous rappelons la construction des variétés LVMB, suivant les notations de [Bos]. Soit m, n deux entiers naturels (éventuellement nuls) tels que $n \geq 2m+1$. On se donne un ensemble fondamental $\mathcal{E}$ de type $(2m+1, n, k)$. Pour clarifier les notations, on supposera ici que $V = \{1, \ldots, n\}$. On se donne aussi n vecteurs $l_1, \ldots, l_n$ de $\mathbb{C}^m$. Une variété LVMB est construite comme le quotient d'un ouvert de $\mathbb{C}^n$ par une action de $\mathbb{C}^* \times \mathbb{C}^m$ définie par les vecteurs $l_1, \ldots, l_n$.

Tout d'abord, on peut définir une action de $\mathbb{C}^* \times \mathbb{C}^m$ sur $\mathbb{C}^n$ tout entier de la manière suivante :

$$(\alpha, T) \cdot z = (\ \alpha e^{<l_1, T>} z_1, \ \ldots, \ \alpha e^{<l_n, T>} z_n \ ) \quad \forall \, (\alpha, T, z) \in \mathbb{C}^* \times \mathbb{C}^m \times \mathbb{C}^n$$

Cette action est appelée *action holomorphe étudiable*. On dira que $(\mathcal{E}, l)$ [1] est un *système étudiable* si pour toute partie fondamentale P, la famille $(l_p)_{p \in P}$ est un repère affine **réel** de $\mathbb{C}^m$. Dans la suite, on ne considérera que des systèmes étudiables.

Remarque III.1: Si $m = 0$, l'action précédente est juste l'action classique définissant l'espace projectif complexe $\mathbb{P}^{n-1}$.

---

1. On note l le n-uplet $(l_1, \ldots, l_n)$

Remarque III.2: Il peut y avoir plusieurs ensembles $\mathcal{E}$ tels que $(\mathcal{E}, l)$ soit un ensemble étudiable. Par exemple, si $l_1 = 2$, $l_2 = i$, $l_3 = -2$, $l_4 = -1 - i$ et $l_5 = 1 - i$, on peut choisir pour ensemble fondamental les ensembles suivants :

$$\mathcal{E}_1 = \{\ P \subset \{1, \ldots, n\}\ /\ Card(P) = 3\ \}$$

$$\mathcal{E}_2 = \{\ (125), (135), (145)\ \}$$

$$\mathcal{E}_3 = \{\ (124), (125), (134), (135)\ \}$$

$$\mathcal{E}_4 = \{\ (124), (134), (135), (235), (245)\ \}$$

L'action holomorphe sur $\mathbb{C}^n$ n'est jamais libre (0 est un point fixe de cette action). Nous associons alors à $\mathcal{E}$ un ouvert $\mathcal{S}$ sur lequel l'action sera libre :

Notation : Si z est un élément de $\mathbb{C}^n$, on pose

$$I_z = \{\ k \in \{1, \ldots, n\}\ /\ z_k \neq 0\ \}$$

Définition: On rappelle que $\mathcal{A}$ est l'ensemble des parties de V acceptables relativement à $\mathcal{E}$ (cf. définition page 23). On pose alors

$$\mathcal{S} = \{\ z \in \mathbb{C}^n /\ I_z \in \mathcal{A}\ \}$$

Exemple 9: Dans l'exemple 4, l'ensemble $\mathcal{S}$ est

$$\mathcal{S} = \{\ (z_1, z_2, z_3, z_4, z_5)\ /\ (z_1, z_3) \neq 0,\ (z_2, z_4) \neq 0,\ z_5 \neq 0\ \}\ \simeq\ \left(\mathbb{C}^2 \backslash \{0\}\right)^2 \times \mathbb{C}^*$$

L'ensemble $\mathcal{S}$ est un ouvert dense (il contient $(\mathbb{C}^*)^n$) de $\mathbb{C}^n$. De plus, $\mathcal{S}$ est stable par l'action de $(\mathbb{C}^*)^n$ opérant sur $\mathbb{C}^n$ par multiplication composante par composante. On peut aussi remarquer que $\mathcal{S}$ est le complémentaire d'un arrangement de sous-espaces de coordonnées (cf. [BP], chapitre 8). Enfin, si $\alpha \in \mathbb{C}^*$, $T \in \mathbb{C}^m$ et $z \in \mathbb{C}^n$, on a $I_{(\alpha, T) \cdot z} = I_z$. Par conséquent, $\mathcal{S}$ est invariant par l'action holomorphe étudiable. De plus, le fait que $(\mathcal{E}, l)$ soit étudiable implique que la restriction de cette action à $\mathcal{S}$ est libre (cf. [Bos], p.1264).

La définition suivante introduit les principaux objets étudiés dans cette thèse, à savoir les variétés LVMB.

Définition: Nous notons $\mathcal{N}$ l'espace des orbites de l'action holomorphe étudiable restreinte à $\mathcal{S}$. Nous dirons que $(\mathcal{E}, l)$ est un *bon système* si $\mathcal{N}$ peut être muni d'une structure de variété complexe telle que la projection $\mathcal{S} \to \mathcal{N}$ est holomorphe. Une telle variété est alors appelée *variété LVMB*[2].

Puisqu'un quotient d'une variété complexe par une action libre et propre (cf. [Huy], p.60) peut être munie d'une structure de variété complexe, on a seulement à vérifier la dernière propriété. Ici, suivant [Huy], *p.59*, nous définissons une action propre d'un groupe de Lie G sur un espace topologique X comme une action continue telle que l'application $G \times X \to X \times X$ définie par $(g, x) \mapsto (g \cdot x, x)$ est propre. Remarquons que dans notre cas, le groupe G n'est pas discret. Si G est un groupe discret qui agit librement et proprement sur un espace topologique X, alors l'action est proprement discontinue.

L'article [Bos] donne des conditions nécessaires et suffisantes pour que l'action holomorphe étudiable de $\mathbb{C}^* \times \mathbb{C}^m$ sur $\mathcal{S}$ soit propre et cocompacte. Suivant cet article, nous effectuons la définition suivante :

Définition: Soit $(\mathcal{E}, l)$ un système étudiable. On dit qu'il vérifie la *condition d'imbrication* si pour tous P, Q dans $\mathcal{E}$, les enveloppes convexes $Conv(l_p, p \in P)$ et $Conv(l_q, q \in Q)$ ont des intérieurs non disjoints.

Dans [Bos], le théorème fondamental suivant est prouvé :

Théorème III.1 ([Bos], p.1268): Un système étudiable est un bon système si et seulement si $(\mathcal{E}, l)$ vérifie le PER et la condition d'imbrication.

Exemple 10: Nous reprenons les exemples de la remarque III.2. On peut facilement constater que $\mathcal{E}_1, \mathcal{E}_2, \mathcal{E}_3$ et $\mathcal{E}_4$ vérifient le PER. De plus, $(\mathcal{E}_2, l)$, $(\mathcal{E}_3, l)$, et $(\mathcal{E}_4, l)$ vérifient la condition d'imbrication et donc sont des bons systèmes d'après le théorème III.1. Par contre, le système étudiable $(\mathcal{E}_1, l)$ n'est pas un bon système puisque la condition d'imbrication n'est pas vérifiée. Cet exemple montre que l étant donné, il peut exister plusieurs ensembles fondamentaux $\mathcal{E}$ tels que $(\mathcal{E}, l)$ est un bon système.

Remarque III.3: Dans [Bos], il est aussi démontré qu'un bon système est minimal pour le $PEUR$. En particulier, l'ensemble fondamental $\mathcal{E}_1$ de l'exemple 10 n'est l'ensemble fondamental d'aucun bon système puisqu'il n'est pas minimal pour le $PEUR$ (car il contient strictement $\mathcal{E}_2$ par exemple).

De plus, il existe des ensembles fondamentaux qui sont minimaux pour le $PEUR$

---

2. du nom des créateurs de ces variétés : Santiago Lopez de Medrano, Alberto Verjovsky, Laurent Meersseman, et Frédéric Bosio

mais ne sont les ensembles fondamentaux d'aucun bon système. Par exemple, l'ensemble fondamental

$$\mathcal{P}_{1,6} = \{ \, (124), (125), (134), (136), (156), (235), (236), (246), (345), (456) \, \}$$

de type $(1, 6, 0)$ vérifie la $PEUR$ mais il n'existe aucune famille l de vecteurs de $\mathbb{C}$ telle que $(\mathcal{E}, l)$ soit un bon système (cf. [Bos], p.1274).

Pour démontrer ce résultat, Bosio utilise la propriété suivante (que nous appellerons *propriété des graphes*) :

Proposition III.1 ([Bos], p.1274)**:** Soit $\mathcal{E}$ l'ensemble fondamental d'un bon système de type $(2m + 1, n)$ et P une partie de $\{1, \dots, n\}$ à $(2m - 1)$ éléments. On considère le graphe dont les sommets sont les éléments de $\{1, \dots, n\} \backslash P$ et dont les arêtes relient les paires $\{k, k'\}$ telles que $P \sqcup \{k, k'\}$ est une partie fondamentale. Alors ce graphe est bipartite.

La proposition suivante montre partiellement le lien entre cette propriété des graphes et le $PEUR$:

Proposition III.2: Soit $\mathcal{E}$ un ensemble fondamental. Supposons qu'il existe une partie $P_0 \in \mathcal{E}$, $k_0 \in \{1, ..., n\}$ tel qu'il existe $k_1, k_2 \in P_0$ distincts tel que $(P_0 \backslash \{k_1\}) \cup \{k_0\}$ et $(P_0 \backslash \{k_2\}) \cup \{k_0\}$ soient éléments de $\mathcal{E}$. Alors $\mathcal{E}$ ne vérifie pas la propriété des graphes.
En particulier, si $\mathcal{E}$ est un ensemble fondamental vérifiant le PER, alors si $\mathcal{E}$ vérifie la propriété des graphes, il vérifie aussi le $PEUR$.

Démonstration: On considère $P = P_0 \backslash \{k_1, k_2\}$. Alors P est une partie de $\{1, ..., n\}$ à $2m - 1$ éléments. Le graphe associé contient les arêtes joignant k_1 et k_2, k_0 et k_1 ainsi que k_0 et k_2 (car $P \cup \{k_1, k_2\} = P_0$, $P \cup \{k_0, k_1\} = (P_0 \cup \{k_0\}) \backslash \{k_1\}$ et $P \cup \{k_0, k_2\} = (P_0 \cup \{k_0\}) \backslash \{k_2\}$ sont dans $\mathcal{E}$ par hypothèse). Ce graphe contient donc un cycle de longueur impaire, ce qui viole la condition des graphes. $\square$

Définition: On peut remarquer que, pour tout $\alpha \in \mathbb{C}^*$, on a $I_{\alpha z} = I_z$ donc la définition suivante est consistante :

$$\mathcal{V} = \{ \, [z] \in \mathbb{P}^{n-1} / \; I_z \in \mathcal{A} \, \}$$

On peut alors définir une action de $\mathbb{C}^m$ sur $\mathcal{V}$ dont le quotient est encore $\mathcal{N}$.

2 Variétés LVMB et variétés LVM

Dans cette courte section, nous rappelons que les variétés LVMB généralisent les variétés LVM. Nous démontrons ensuite que le complexe associé au bon système $(\mathcal{E}, l)$ d'une variété LVMB généralise d'une manière très naturelle le polytope associé à une variété LVM. Dans la suite, une *variété LVM* est une variété construite comme dans [LdMV] ou [Me] (voir aussi l'introduction). Nous n'expliquerons pas ici la construction entière des variétés LVM. La seule chose dont nous aurons besoin est le fait qu'une variété LVM est un cas particulier de variété LVMB. En effet, nous avons le théorème suivant (que nous utiliserons comme définition de variété LVM) :

Théorème III.2 ([Bos], p.1265)**:** Toute variété LVM est une variété LVMB. Plus précisément, soit $\mathcal{O}$ l'ensemble des points de $\mathbb{C}^m$ qui ne sont dans l'enveloppe convexe d'aucune partie de l de cardinal $2m$. Alors, un bon système $(\mathcal{E}, l)$ est le bon système d'une variété LVM si et seulement s'il existe une composante connexe bornée O de $\mathcal{O}$ telle que $\mathcal{E}$ est exactement l'ensemble des parties P de $\{1, \dots, n\}$ de cardinal $(2m+1)$ telles que O est contenue dans $Conv(\{l_p, p \in P\})$.

Exemple 11: Nous revenons à l'exemple 4. Si on pose $l_1 = l_3 = 1$, $l_2 = l_4 = i$ et $l_5 = 0$, alors la condition d'imbrication est vérifiée et $(\mathcal{E}, l)$ est un bon système. En conséquence, le théorème III.1 et le théorème III.2 impliquent que $\mathcal{N}$ peut être muni d'une structure de variété LVM. Dans [LdMV], les variétés LVM construites à partir d'un bon système de type $(3, n, k)$ sont classifiées à difféomorphisme près. Ici, le type de $\mathcal{E}$ est $(3, 5, 1)$ et on a $\mathcal{N} \simeq S^3 \times S^3$. Remarquons qu'on peut aussi utiliser la théorie des complexes moment-angle pour obtenir ce résultat (cf. chapitre IV).

Pour conclure cette section, rappelons comment est construit le *polytope associé* d'une variété LVM (obtenue d'un bon système $(\mathcal{E}, l)$) : l'action naturelle de $(S^1)^n$ sur $\mathbb{C}^n$ préserve S et commute avec l'action holomorphe étudiable. Alors, nous avons une action induite de $(S^1)^n$ sur $\mathcal{N}$. Quitte à effectuer une translation sur les l_j (ce qui ne change pas $\mathcal{N}$), le théorème III.2 nous permet de supposer que 0 appartient à l'enveloppe convexe $Conv(l_1, \dots, l_n)$ (cette condition est connue sous le nom de *condition de Siegel*) et dans ce cas, le quotient P de l'action de $(S^1)^n$ sur $\mathcal{N}$ peut être identifié avec :

$$P = \left\{ (r_1, \dots, r_n) \in (\mathbb{R}_+)^n \ \middle/ \ \sum_{i=1}^{n} r_j l_j = 0, \ \sum_{i=1}^{n} r_j = 1 \right\}$$

Cet ensemble est clairement un polytope et il peut être montré que c'est un polytope simple (cf. [BM], lemma 0.12). Le polytope P est le polytope associé de la variété LVM $\mathcal{N}$.

Exemple 12: Dans l'exemple 11, on effectue une translation sur les vecteurs l_j dans le but que les vecteurs obtenus vérifient la condition de Siegel. Par exemple, $\mathcal{N}$ est aussi la variété LVM associée au bon système $(\mathcal{E}, \lambda)$ où $\lambda_1 = \lambda_3 = \frac{3}{4} - \frac{i}{4}$, $\lambda_2 = \lambda_4 = -\frac{1}{4} + \frac{3i}{4}$ et $\lambda_5 = -\frac{1}{4} - \frac{i}{4}$. Un calcul montre que le polytope associé P est le carré

$$ P = \left\{ \left(\frac{1}{4} - r_3, \frac{1}{4} - r_4, r_3, r_4, \frac{1}{2} \right) \bigg/ \; r_3, r_4 \in [0, \frac{1}{4}] \right\} $$

Proposition III.3: Soit $(\mathcal{E}, l)$ un bon système associé à une variété LVM (i.e. vérifiant la condition énoncée dans le théorème III.2). Soit P le polytope simple associé à cette variété. Alors le complexe $\mathcal{P}$ associé à $\mathcal{E}$ est combinatoirement équivalent à la frontière du dual du polytope associé. En particulier, $\mathcal{P}$ est polytopal.

Démonstration: $(\mathcal{E}, l)$ est un bon système associé à une variété LVM donc il existe une composante connexe bornée O de $\mathcal{O}$ telle que $\mathcal{E}$ est exactement l'ensemble des parties Q de $\{1, \cdots, n\}$ à $2m+1$ éléments telles que O est inclus dans $Conv(l_q, q \in Q)$. Quitte à effectuer une translation sur les vecteurs l_k dans $\mathbb{C}^m$, ce qui, au niveau de l'action holomorphe étudiable se traduit par un automorphisme de $\mathbb{C}^m \times \mathbb{C}^*$ (cf. [Bos]) et donc ne change pas la variété étudiée, on peut supposer que $\mathcal{E}$ est exactement l'ensemble des parties de $\{1, \cdots, n\}$ à $2m+1$ éléments telles que $Conv(l_p, p \in P)$ contient l'origine 0. Dans ce cas, de manière combinatoire, P est exactement l'ensemble des parties I de $\{1, \cdots, n\}$ vérifiant

$$ I \in P \Leftrightarrow 0 \in Conv(l_k, k \in I^c) $$

Donc I est élément de P si et seulement si I^c est acceptable, ce qui signifie exactement que I est une face de $\mathcal{P}$. Donc P et $\mathcal{P}$ coïncident comme ensembles. Montrons que les relations d'ordre sur ces ensembles sont inversées. Sur $\mathcal{P}$, la relation d'ordre est l'inclusion. Rappelons l'ordre sur l'ensemble partiellement ordonné des faces (*poset*) de P donné dans [BM] : chaque j-face de P est représentée par un $(n - 2m - 1 - j)$-uplet. Ainsi, P (considéré comme une face) est représenté par l'ensemble vide, les facettes de P sont représentées par un singleton, et les sommets par un $(n - 2m - 2)$-uplet. Une face (représentée par l'ensemble I) est contenue dans une face (représentée par J) si et seulement si $I \supset J$. Donc, combinatoirement, le poset de P est $(\mathcal{P}, \supset)$. Le poset de la frontière de P^* est le poset de P muni de l'ordre inverse, à savoir $(\mathcal{P}, \subset)$, ce qui termine la démonstration. $\square$

Remarque III.4: Dans [Me], on prouve que deux variétés LVM sont difféomorphes par un difféomorphisme équivariant par rapport à l'action naturelle du tore $(S^1)^n$ si et seulement si leurs polytopes associés sont combinatoirement équivalents. De plus, on prouve que tout polytope simple est le polytope associé d'une variété LVM.

3 Condition (K)

Il résulte de la partie précédente que le complexe simplicial $\mathcal{P}$ est une généralisation parfaite du polytope associé à une variété LVM. Ce que nous devons faire maintenant est étudier les propriétés de ce complexe. Nous allons montrer le théorème important suivant :

Théorème III.3: Soit $(\mathcal{E}, l)$ un bon système de type $(2m+1, n)$. Alors $\mathcal{P}$ est une sphère rationnellement étoilée de dimension $(n - 2m - 2)$.

Remarque III.5: Le théorème est évident dans le cas LVM. En effet, d'après la proposition III.3, $\mathcal{P}$ est la frontière d'un polytope simplicial, donc $\mathcal{P}$ est une sphère simpliciale. Ensuite, tout polytope simplicial admet une réalisation rationnelle (à sommets de coordonnées entières) convexe dans $\mathbb{R}^{d+1}$ (avec $d = dim(\mathcal{P})$). Quitte à effectuer une translation et une homothétie, on peut toujours supposer que l'intérieur de cette réalisation contient un point de coordonnées entières. Une telle réalisation est donc rationnellement étoilée pour le réseau $\mathbb{Z}^{d+1}$. Son centre est exactement l'ensemble des points entiers de l'intérieur relatif du polytope).

Remarquons aussi que si $\mathcal{P}$ est de dimension 1, alors le résultat est évident.

Proposition III.4: Si $\mathcal{E}$ est un ensemble fondamental sur V minimal pour le $PEUR$ et si le complexe associé est de dimension 1, alors $\mathcal{P}$ est une sphère rationnellement étoilée.

Démonstration: Si $\mathcal{P}$ est de dimension 1, alors ses facettes sont des couples d'éléments de V. Puisque $\mathcal{E}$ vérifie le $PEUR$, on sait que toute crête de $\mathcal{P}$ appartient à exactement 2 facettes de $\mathcal{P}$ (cf. corollaire I.3.1). On en déduit que $\mathcal{P}$ est une union disjointe de frontières de polygones. Mais comme $\mathcal{E}$ est minimal pour le $PEUR$, la proposition I.7 implique que $\mathcal{P}$ est une pseudo-variété et donc $\mathcal{P}$ est connexe. On en conclut que $\mathcal{P}$ est la frontière d'un polygone. Donc $\mathcal{P}$ est une sphère rationnellement étoilée. $\square$

Pour prouver le précédent théorème, nous devons nous restreindre à des bons système qui vérifient une condition additionnelle, appelée *condition* (K) : il existe un automorphisme affine réel de $\mathbb{C}^m = \mathbb{R}^{2m}$ tel que $\lambda_j = \phi(l_j)$ a toutes ses coordonnées dans $\mathbb{Z}^{2m}$ pour tout j. Par exemple, si toute les coordonnées des l_j sont rationnelles, alors $(\mathcal{E}, l)$ vérifie la condition (K). Remarquons que la condition d'imbrication est une condition ouverte. Par conséquent, il suffit de prouver le théorème III.3 pour les bons systèmes vérifiant la condition (K). En effet, puisque $\mathbb{Q}^n$ est dense dans $\mathbb{R}^n$, un bon système $(\mathcal{E}, l)$ qui ne vérifie pas la condition (K) peut être remplacé par un bon système qui vérifie cette condition et ayant le même complexe associé $\mathcal{P}$.

Le principal intérêt de la condition (K) réside dans le fait que l'on peut associer à notre action holomorphe étudiable une action algébrique (appelée *action algébrique étudiable*) de $(\mathbb{C}^*)^{2m+1}$ sur $\mathbb{C}^n$ (ou une action de $(\mathbb{C}^*)^{2m}$ sur $\mathbb{P}^{n-1}$) :

Soit $(\mathcal{E}, l)$ un bon système de type $(2m+1, n)$ vérifiant la condition (K). On pose $l_j = a_j + ib_j, a_j, b_j \in \mathbb{Z}^m$ pour tout j et $a_j = (a_j^1, \ldots, a_j^m)$. On peut définir une action de $(\mathbb{C}^*)^{2m+1}$ sur $\mathbb{C}^n$ en posant :

$$(u, t, s) \cdot z = \left(u \, t_1^{a_1^1} \ldots t_m^{a_1^m} \, s_1^{b_1^1} \ldots s_m^{b_1^m} \, z_1, \ldots, u \, t_1^{a_n^1} \ldots t_m^{a_n^m} \, s_1^{b_n^1} \ldots s_m^{b_n^m} \, z_n \right)$$

pour tous $u \in \mathbb{C}^*, t, s \in (\mathbb{C}^*)^m, z \in \mathbb{C}^n$

En utilisant la notation $X_{2m+1}^{\tilde{l}_j}$ pour le caractère de $(\mathbb{C}^*)^{2m+1}$ défini par $\tilde{l}_j = (1, l_j)$ on peut résumer la formule décrivant l'action algébrique étudiable en :

$$t \cdot z = \left(X_{2m+1}^{\tilde{l}_1}(t) z_1, \ldots, X_{2m+1}^{\tilde{l}_n}(t) z_n \right) \; \forall t \in (\mathbb{C}^*)^{2m+1}, \; z \in \mathbb{C}^n$$

Il est clair que $\mathcal{S}$ est invariant par cette nouvelle action. On introduit l'ensemble suivant, dont l'étude sera très importante dans la suite :

Définition: On définit l'ensemble X comme l'espace des orbites de $\mathcal{S}$ par l'action algébrique étudiable.

Comme pour l'action holomorphe étudiable, on peut aussi définir une action de $(\mathbb{C}^*)^{2m}$ sur $\mathcal{V}$ dont le quotient est encore X. Dans [CFZ], proposition 2.3, il est montré que l'action holomorphe étudiable de $\mathbb{C}^m$ sur $\mathcal{V}$ peut être vue comme la restriction de l'action algébrique étudiable à un sous-groupe fermé cocompact H de $(\mathbb{C}^*)^{2m}$. En effet, soit Θ_h et Θ_a les actions holomorphes et algébriques. On pose de plus

$$\varphi(T) = (exp(T), exp(iT)) \; \forall T \in \mathbb{C}^m$$

Remarquons que φ est un morphisme de groupes injectif. De plus, un calcul simple montre que l'on a

$$\Theta_h(T, [z]) = \Theta_a(\varphi(T), [z]) \; \forall T \in \mathbb{C}^m, [z] \in \mathcal{V}$$

Donc l'action holomorphe étudiable (de $\mathbb{C}^m$ sur $\mathcal{V}$) est la restriction de l'action algébrique étudiable de $(\mathbb{C}^*)^{2m}$ au sous-groupe cocompact $H = Im(\varphi)$ (cf. [CFZ]). Par conséquent, on peut définir une action du groupe de Lie compact $K = (\mathbb{C}^*)^{2m}/$

H sur $\mathcal{N}$ dont le quotient est homéomorphe à X. En effet, rappelons la proposition classique sur les "quotients de quotients" :

Proposition III.5: Soit X un espace topologique et G un groupe commutatif agissant sur X. On note $Z = X/G$ l'espace des orbites de X pour l'action de G. Soit H un sous-groupe de G. On note Y l'espace des orbites de l'action de H sur X obtenue par restriction de l'action de G sur X. Alors le groupe quotient $K = G/H$ agit sur Y et l'espace des orbites $\tilde{Z} = Y/K$ de cette action est homéomorphe à Z.

Démonstration: Fixons quelques notations pour commencer. On notera $\cdot$ les actions de G et H sur X. La classe d'équivalence d'un élément $g \in G$ dans le groupe quotient G/H est notée $[x]$. On notera respectivement $[x]_G$ et $[x]_H$ les orbites pour les actions de G et H d'un point x de X. L'action $*$ de G/H sur X/H est définie par

$$\forall [g] \in G/H, \forall [x]_H \in Y/H, \quad [g] * [x]_H = [g \cdot x]_H$$

Il est facile de voir qu'on a bien défini une action de groupe. On note alors $Orb_K\left([x]_H\right)$ l'orbite de $[x]_H$ pour cette dernière action. On définit l'application $\varphi : Y \to Z$ par $\varphi([x]_H) = [x]_G$ pour tout point x de X. On peut montrer que φ est bien définie, surjective et que $\varphi([x]_H) = \varphi([\tilde{x}]_H)$ si et seulement si $Orb_K\left([x]_H\right) = Orb_K\left([\tilde{x}]_H\right)$. Par conséquent, l'application φ induit une application bijective $\overline{\varphi} : \tilde{Z} \to Z$ définie par $\overline{\varphi}(Orb_K\left([x]_H\right)) = [x]_G$. Comme φ est continue, il en résulte que $\overline{\varphi}$ est aussi continue. En fait, c'est un homéomorphisme puisque son inverse $\psi : Z \to \tilde{Z}$, définie par $\psi([x]_G) = Orb_K\left([x]_H\right)$, est continue. En effet, notons π_H et π_K les applications définies par $\pi_H(x) = [x]_H$ et $\pi_K([x]_H) = Orb_K\left([x]_H\right)$. Ces deux applications sont continues par définition de la topologie quotient. De plus, la composée $\pi_K \circ \pi_H : X \to \tilde{Z}$ est invariante par l'action de G sur X. Par conséquent, l'application ψ induite par passage au quotient, est continue. $\square$

De plus, on peut facilement comparer les stabilisateurs pour les actions de K, de G et de H. Nous conservons les notations de la démonstration précédentes et notons de plus $Stab_G(x)$, (resp. $Stab_H(x)$) le stabilisateur de $x \in X$ pour l'action de G (resp. de H) et $Stab_K([x]_H)$ celui de $[x]_H \in Y$ pour l'action de K. Enfin, on note $\pi : G \to G/H$ la surjection définie par $\pi(g) = [g]$. On a alors :

Proposition III.6: Avec les notations précédentes, on a

$$Stab_K\left([x]_H\right) \subset \pi\left(Stab_G\left(x\right)\right) \ \ \forall x \in X$$

En particulier, si le stabilisateur de $x \in X$ pour l'action de G est fini, il en est de même pour le stabilisateur de $[x]_H$ pour l'action de K.

Démonstration: Soit $[g]$ un élément de $Stab_K\left([x]_H\right)$. Alors $[g \cdot x]_H = [x]_H$. Donc il existe un élément h de H tel que $g \cdot x = h \cdot x$. Par conséquent, $\widetilde{g} = h^{-1}g$ est élément de $Stab_G(x)$. On en déduit que $[g] = [\widetilde{g}] = \pi(\widetilde{g})$, c'est-à-dire que $[g] \in \pi(Stab_G(x))$. $\square$

La principale conséquence de cette remarque est la proposition suivante :

Proposition III.7: X est Hausdorff et compact.

Démonstration: Soit $p : \mathcal{N} \to X$ la surjection canonique. K est un groupe de Lie compact donc p est une application fermée (cf. [Bre], p.38). Par conséquent, X est Hausdorff. Enfin, puisque p est continue et $\mathcal{N}$ est compact, on peut conclure que X est compact. $\square$

Une autre conséquence importante pour la suite est que l'action algébrique étudiable sur $\mathcal{S}$ (ou $\mathcal{V}$) est fermée. De plus, puisque tout groupe de Lie compact complexe connexe [3] est un tore complexe compact (i.e. un groupe de Lie complexe dont l'espace sous-jacent est $(S^1)^p$, cf. [Le], Theorem 1.19), on peut affirmer que K est un tore complexe compact (de dimension réelle $2m$).

Utilisant un argument similaire à celui de [BBŚ], on montre que :

Proposition III.8: $t \in (\mathbb{C}^*)^{2m}$ est dans le stabilisateur de $[z]$ si et seulement si $\forall i, j \in I_z$, on a

$$X_{2m+1}^{l_i}(t) = X_{2m+1}^{l_j}(t)$$

Démonstration : Fixons un ordre total sur $\mathbb{Z}^{2m}$ (l'ordre lexicographique convient). A une permutation des coordonnées homogènes de $\mathbb{P}^{n-1}$ près, on peut supposer que $l_j \leq l_{j+1}$ pour tout $j \in \{1, \ldots, n-1\}$ (remarquons qu'une telle permutation est un automorphisme équivariant de $\mathbb{P}^{n-1}$). On note $j_0 = min(I_z)$ le plus petit indice d'une coordonnée non nulle de z. Alors, pour tout t qui stabilise $[z]$, on a

$$[z] = t.\,[z] = \left[X_{2m+1}^{l_j}(t)\,z_j\right] = \left[0, \ldots, 0, X_{2m+1}^{l_{j_0}}(t)\,z_{j_0}, \ldots, X_{2m+1}^{l_n}(t)\,z_n\right]$$

Alors $[z] = \left[0, \ldots, 0, z_{j_0}, \ldots, X_{2m+1}^{l_n - l_{j_0}}(t)\,z_j\right]$.

En particulier, on a $X_{2m+1}^{l_n - l_{j_0}}(t)\,z_j = z_j$ pour tout j. Si $j \in I_z$, alors $X_{2m+1}^{l_n - l_{j_0}}(t) = 1$. $\square$

---

3. Un groupe de Lie compact complexe connexe est nécessairement commutatif. En effet, sa représentation adjointe est holomorphe, et donc constante.

Remarque III.6: Dans [BBŚ], il est montré que $[z]$ est un point fixe pour l'action algébrique étudiable de $(\mathbb{C}^*)^{2m}$ sur $\mathcal{V}$ si et seulement si $\forall i, j \in I_z$, on a $l_i = l_j$.

En conséquence, on peut dire que :

Proposition III.9: Tout élément de $\mathcal{V}$ a un stabilisateur fini pour l'action algébrique étudiable de $(\mathbb{C}^*)^{2m}$ sur $\mathcal{V}$.

Démonstration: Tout d'abord, on rappelle qu'un élément de $\mathcal{V}$ a au moins $(2m+1)$ coordonnées non nulles et que parmi ces coordonnées, il y a $(2m+1)$ coordonnées telles que $(l_p)_{p \in P}$ engendre $\mathbb{C}^m$ en tant qu'espace affine réel. A une permutation près, on peut supposer que $\{1, 2, \ldots, 2m+1\}$ est contenu dans I_z et dans $\mathcal{E}$. Dans ce cas, on a $X_{2m+1}^{l_j - l_{2m+1}}(t) = 1$ pour tout $j = 1, \ldots, 2m$ et tout t dans le stabilisateur de $[z]$. On pose $L_j = l_j - l_{2m+1}$, $j = 1, \ldots, 2m$. En écrivant $t_j = r_j e^{2i\pi\theta_j}$, on obtient que $r = (r_1, \ldots, r_{2m+1})$ et $\theta = (\theta_1, \ldots, \theta_{2m+1})$ vérifient le système suivant :

$$M.ln(r) = 0, \ M.\theta \equiv 0 \ [1]$$

où $M = (m_{i,j})$ est la matrice définie par $m_{i,j} = L_j^i$ et

$$ln(r) = (ln(r_1), \ldots, ln(r_{2m+1}))$$

Le système étant acceptable, $(l_1, \ldots, l_{2m+1})$ engendre $\mathbb{C}^m$ comme espace affine réel, ce qui signifie exactement que la matrice réelle M est inversible.
En conséquence, $ln(r) = 0$ (i.e $|t_j| = 1$ pour tout j) et $\theta \equiv 0 \ [det(M^{-1})]$. Alors, $r_j e^{2i\pi\theta_j}$ ne peut prendre qu'un nombre fini de valeurs. En conclusion, comme il avait été affirmé, le stabilisateur de $[z]$ est fini. $\square$

Remarque III.7: Une preuve analogue montre que le stabilisateur de $z \in \mathcal{S}$ est fini lui aussi.

4 Relations avec les variétés toriques

Dans cette section, notre tâche principale est de rappeler que $X = \mathcal{S}/(\mathbb{C}^*)^{2m+1}$ est une variété torique et de calculer son éventail Σ. Ensuite, nous utiliserons les propriétés combinatoires de l'éventail Σ pour montrer que le complexe associé à un bon système est une sphère simpliciale.

4.1 Rappels

Dans cette sous-section, nous rappelons quelques définitions et propriétés fondamentales des variétés toriques :

Définition: Un *éventail* Σ est un ensemble non vide de *cônes* (enveloppe positive d'une famille finie de points) de $\mathbb{R}^d$ vérifiant les propriétés suivantes :

– Si σ est élément de Σ, alors toute face de σ est élément de Σ.
– Si σ et τ sont des éléments de Σ, alors $\sigma \cap \tau$ est une face de σ et une face de τ.

Le *support* de Σ est l'union $|\Sigma|$ de ses éléments. On identifiera souvent Σ à son support. De plus, si R est un réseau de $\mathbb{R}^d$, on dira que le cône σ est *rationnel* par rapport à R s'il existe une famille finie S d'éléments de R telle que $\sigma = pos(S)$. Si de plus, la famille S est libre dans $\mathbb{R}^d$, on dit que σ est *simplicial*. Un éventail est rationnel (resp. simplicial) si tous ses cônes sont rationnels (resp. simpliciaux). Enfin, on dira qu'un cône est *strictement convexe* s'il ne contient aucune droite passant par l'origine. Remarquons qu'en particulier, un cône simplicial est strictement convexe et que $\{0\}$ est une face d'un cône σ si et seulement si σ est strictement convexe. Dans la suite, on ne considérera que des éventails dont les cônes sont tous strictement convexes.

Définition (cf. [CLS]): Un *tore algébrique* de dimension n est un groupe algébrique isomorphe à $(\mathbb{C}^*)^n$. Une *variété torique* est une variété algébrique X contenant un tore algébrique T comme ouvert de Zariski dense, et telle que l'action de T sur lui-même s'étend à X. Dans la suite, l'expression *action torique* désignera cette dernière action.

Par exemple, un tore algébrique, l'espace affine $\mathbb{C}^n$, l'espace projectif $\mathbb{P}^n$, les surfaces de Hirzebruch, l'éclatement de $\mathbb{C}^n$ à l'origine sont des variétés toriques. Les variétés toriques ont été très étudiées (cf. par exemple [F], [Od] ou [CLS]). Elles fournissent une grande famille d'exemples de variétés algébriques sur lesquels on peut facilement travailler. Par exemple, le problème de la factorisation faible des applications birationnelles a d'abord été résolu pour les variétés toriques (cf. [Wł]), puis le cas général a été établi en se ramenant au cas torique (cf. [Bon]).

Un procédé de construction permet d'associer une variété torique séparée normale à tout éventail rationnel. En résumé (voir [CLS] pour les détails de la construction), à chaque cône σ de l'éventail correspond une variété affine U_σ. En utilisant les informations combinatoires codées par l'éventail, on recolle les U_σ pour obtenir une variété torique $X = \bigcup_\sigma U_\sigma$. A l'inverse, connaissant la variété torique séparée normale X, il est simple de retrouver l'éventail Σ dont elle provient : Le réseau N des sous-groupes à un paramètre du tore T d'une variété torique de dimension n est un groupe abélien libre de rang n et peut être identifié à $\mathbb{Z}^n$. On note $N_\mathbb{R}$ l'espace vectoriel réel obtenu en tensorisant N par $\mathbb{R}$. Si t est un élément de $\mathbb{C}^*$ et

λ^u le groupe à un paramètre de T correspondant à $u \in N$, on peut étudier la limite de $\lambda^u(t)$ quand t tend vers 0. En fait, on a le résultat suivant : $\lambda^u(t)$ converge si et seulement si u est dans Σ et deux éléments u, v de N sont dans l'intérieur relatif d'un même cône de Σ si et seulement $\lambda^u(t)$ et $\lambda^v(t)$ ont la même limite.

Quand l'éventail est simplicial, on peut construire un complexe simplicial de la manière suivante : on note $\Sigma(1)$ l'ensemble des rayons de Σ (i.e. l'ensemble des cônes de dimension 1) et on ordonne ses éléments par $x_1, \ldots, x_n$. Alors le complexe K_Σ est le complexe simplicial sur $\{1, \cdots, n\}$ défini par :

$$\forall\, J \subset \{1, \cdots, n\}, \quad J \in K_\Sigma \Leftrightarrow pos\,(x_j, j \in J) \in \Sigma$$

Ce complexe K_Σ est le *complexe sous-jacent* de Σ. Ses propriétés traduisent les propriétés de l'éventail Σ et de la variété X. Rappelons simplement qu'on a le théorème suivant (cf. [CLS]) :

Proposition III.10: Soit X une variété torique séparée normale de dimension n et Σ son éventail. On suppose que Σ est simplicial. Alors, les trois propositions suivantes sont équivalentes :

1. X est compacte.

2. Σ est complet dans $\mathbb{R}^n$ (i.e. $|\Sigma| = \mathbb{R}^n$).

3. Le complexe sous-jacent de Σ est une $(n-1)$-sphère simpliciale.

Remarque III.8: Dans le but d'alléger les terminologies, les variétés toriques seront toutes supposées normales et séparées dans la suite.

4.2   Variétés toriques

Pour commencer, il est clair que $\mathcal{S}$ et $\mathcal{V}$ sont des variétés toriques. En effet, $(\mathbb{C}^*)^n$ est un ouvert dense de $\mathcal{S}$ et l'action de multiplication composante par composante de $(\mathbb{C}^*)^n$ sur lui-même s'étend à $\mathcal{S}$. Donc $\mathcal{S}$ est torique (séparée et normale). De plus, la projection naturelle p de $\mathbb{C}^n \backslash \{0\}$ sur $\mathbb{P}^{n-1}$ se restreint en un morphisme de $\mathcal{S}$ sur $\mathcal{V}$ telle que $p((\mathbb{C}^*)^n)$ soit isomorphe (en tant que groupe algébrique) à $(\mathbb{C}^*)^{n-1}$. Cette projection p permet de définir une action de $p((\mathbb{C}^*)^n) \simeq (\mathbb{C}^*)^{n-1}$ sur $\mathcal{V}$ dont la restriction à $p((\mathbb{C}^*)^n)$ est la multiplication composante par composante. Ceci définit bien une structure de variété torique sur $\mathcal{V}$.

Comme expliqué précédemment, on peut associer à une variété torique dont le groupe des sous-groupes à un paramètre est N, un éventail Σ dans l'espace vectoriel réel $N_\mathbb{R} = N \otimes \mathbb{R}$ dont les cônes sont rationnels par rapport au réseau N. Ainsi, on peut expliciter l'éventail associé à $\mathcal{S}$:

Proposition III.11: Soit $(e_i)_{i=1}^n$ la base canonique de $\mathbb{R}^n$. Alors, l'éventail décrivant $\mathcal{S}$ dans $\mathbb{R}^n$ est

$$\Sigma(\mathcal{S}) = \{\ pos\,(e_i, i \in I)\ /\ I \in \mathcal{P}\ \}$$

Démonstration: Pour déterminer l'éventail d'une variété torique, on doit calculer les limites de ses sous-groupes à un paramètre. Le plongement de $(\mathbb{C}^*)^n$ dans $\mathcal{S}$ est l'inclusion donc les sous-groupes à un paramètre de $(\mathbb{C}^*)^n$ sont de la forme $\lambda^m(t) = (t^{m_1}, \dots, t^{m_n})$ avec $m = (m_1, \dots, m_n) \in \mathbb{Z}^n$.

Donc, la limite de $\lambda^m(t)$ quand t tend vers 0 existe dans $\mathbb{C}^n$ si et seulement si $m_i \geq 0$ pour tout i. Dans ce cas, la limite est $\varepsilon = (\varepsilon_1, \dots, \varepsilon_n)$ avec $\varepsilon_j = \delta_{m_j,0}$ (symbole de Kronecker).

Bien sûr, la limite doit être dans $\mathcal{S}$, ce qui signifie que I_ε doit être acceptable. Mais $I_\varepsilon = \{\ j/\ m_j = 0\ \}$ donc cette dernière condition est équivalente à l'appartenance de $\{\ j/\ m_j > 0\ \}$ à $\mathcal{P}$. $\square$

Exemple 13: Pour l'ensemble fondamental $\mathcal{E} = \{\ (125), (145), (235), (345)\ \}$ de l'exemple 4, on a

$$\mathcal{S} = \{\ z\ /\ (z_1, z_3) \neq 0,\ (z_2, z_4) \neq 0,\ z_5 \neq 0\ \}$$

Par conséquent, l'éventail $\Sigma(\mathcal{S})$ est l'éventail de $\mathbb{R}^5$ dont les facettes sont les 2-cônes $pos(e_1, e_2)$, $pos(e_1, e_4)$, $pos(e_2, e_3)$ et $pos(e_3, e_4)$ (où $e_1, \dots, e_5$ est la base canonique de $\mathbb{R}^5$).

Remarque III.9: On peut aussi facilement déterminer les orbites de $\mathcal{S}$ pour l'action de $(\mathbb{C}^*)^n$. Pour $I \subset \{1, \dots, n\}$, on pose $O_I = \{\ z \in \mathbb{C}^n\ /\ I_z = I^c\ \}$. Alors, si $z \in \mathcal{S}$, son orbite est $O_{I_z^c}$.

Par conséquent, on peut décrire $\mathcal{S}$ comme la partition $\mathcal{S} = \bigsqcup_{I \in \mathcal{P}} O_I$.

De plus, dans la correspondance naturelle entre orbites de $\mathcal{S}$ et cônes de $\Sigma(\mathcal{S})$, O_I correspond à $\sigma_I = pos(e_j/j \in I)$. Rappelons brièvement cette correspondance (cf. [CLS] ch.3 pour les détails de la construction) : pour tout cône σ, on choisit un élément m dans son intérieur relatif et on associe à σ l'orbite de la limite du sous-groupe à un paramètre $\lambda^m(t)$ quand t tend vers 0. Notons que d'après la sous-section précédente, cette correspondance est bien définie.

Remarque III.10: De manière analogue, on peut aussi montrer que l'éventail de $\mathbb{R}^{n-1}$ associé à $\mathcal{V}$ est

$$\Sigma(\mathcal{V}) = \{\ pos\,(e_i, i \in I)\ /\ I \in \mathcal{P}\ \}$$

avec $(e_1, \ldots, e_{n-1})$ défini cette fois comme la base canonique de $\mathbb{R}^{n-1}$ et $e_n = -(e_1 + \cdots + e_{n-1})$.

Dans [CFZ], il est montré que X est une variété torique compacte. Dans la prochaine section, nous détaillerons cette construction dans le but d'identifier son groupe des sous-groupes à un paramètre et la structure de son éventail.

Exemple 14: Pour le bon système $(\mathcal{E}, l)$ avec $\mathcal{E} = \{ (125), (145), (235), (345) \}$ et $l_1 = l_3 = 1$, $l_2 = l_4 = i$ et $l_5 = 0$, l'action algébrique est

$$(\alpha, t, s) \cdot z = (\alpha t z_1, \alpha s z_2, \alpha t z_3, \alpha s z_4, \alpha z_5)$$

En utilisant l'automorphisme de $(\mathbb{C}^*)^3$ défini par $\phi(\alpha, t, s) = (\alpha, \alpha t, \alpha s)$, on peut voir que le quotient X de l'action algébrique étudiable est aussi le quotient de $\mathcal{S}$ par l'action définie par

$$(\alpha, t, s) \cdot z = (t z_1, s z_2, t z_3, s z_4, \alpha z_5)$$

donc X est le produit $\mathbb{P}^1 \times \mathbb{P}^1$. On montrera dans le chapitre VI que la projection $\mathcal{N} \to X$ provient de la définition usuelle de $\mathbb{P}^1$ comme espace des orbites d'une action de S^1 sur S^3.

Pour conclure cette section, notons $f : (\mathbb{C}^*)^{2m+1} \longrightarrow (\mathbb{C}^*)^n$ le morphisme de groupe défini par

$$f(u, t, s) = (X_{2m+1}^{\widetilde{l_1}}(u, t, s), \cdots, X_{2m+1}^{\widetilde{l_n}}(u, t, s)) \quad \forall u \in \mathbb{C}^*, t, s \in (\mathbb{C}^*)^m$$

L'action algébrique étudiable sur $\mathbb{C}^n$ est juste la restriction à $Im(f)$ de l'action torique naturelle du tore $(\mathbb{C}^*)^n$ sur $\mathbb{C}^n$.

Proposition III.12: Le noyau $Ker(f)$ est fini.

Démonstration: Soit t un élément de $Ker(f)$. Alors $X^{\widetilde{l_j}}(t) = 1$ pour tout j. On pose $t = (r_1 e^{2i\pi\theta_1}, \ldots, r_{2m+1} e^{2i\pi\theta_{2m+1}})$ et $l_j = (l_j^1, \ldots, l_j^{2m})$ et on a $r_1 r_2^{l_j^1} \ldots r_{2m+1}^{l_j^{2m}} = 1$ pour tout j. Cela signifie que $A.v = 0$, où $A = (a_{i,j})$ est la matrice réelle définie par $a_{i,j} = \widetilde{l_i}^j$ et v est le vecteur $v = (ln(r_j))$. Puisque $l_1, \ldots l_n$ engendre affinement $\mathbb{R}^{2m}$, on peut extraire de A une matrice inversible $\widetilde{A}$ d'ordre $2m+1$ et on peut en déduire que $v = 0$. Cela implique que $|t_j| = 1$ pour tout j. De plus, si $\theta = (\theta_1, \ldots, \theta_{2m+1})$, on obtient que $\widetilde{A}.\theta$ est élément du réseau $\mathbb{Z}^{2m+1}$. Par conséquent, θ est un élément de $\frac{1}{\delta}\mathbb{Z}^n$, où $\delta = det(\widetilde{A})$. Finalement, on en déduit que $e^{i\theta_j}$ est une racine δ-ème de l'unité pour tout j. En particulier, il y a seulement un nombre fini d'éléments dans le noyau de f. $\square$

Remarque III.11: En général, f n'est pas injectif. Par exemple, si on considère $\mathcal{E} = \{(124), (234)\}$ et $l_1 = 1$, $l_2 = i$, $l_3 = p$ et $l_4 = -1 - i$, où p est un entier strictement positif, alors $(\mathcal{E}, l)$ est un bon système et pour $p = 4$, f n'est pas injectif. Remarquons que, pour $p = 3$, f est injectif.

Définition: On définit T_N comme le tore algébrique $(\mathbb{C}^*)^n / Im(f)$

On rappelle que $(\mathbb{C}^*)^n$ est inclus dans $\mathcal{S}$ comme un ouvert dense de Zariski. De plus, $(\mathbb{C}^*)^n$ est invariant par l'action de $(\mathbb{C}^*)^{2m+1}$. Cela implique que T_N peut être plongé dans X comme un ouvert dense. Ensuite, l'action de $(\mathbb{C}^*)^n$ sur $\mathcal{S}$ commute avec l'action algébrique étudiable de $(\mathbb{C}^*)^{2m+1}$, donc l'action de T_N sur lui-même peut être étendue à une action de T_N sur X.

4.3   Le tore algébrique T_N

On note $F : \mathbb{C}^{2m+1} \to \mathbb{C}^n$ l'application linéaire définie par

$$F(U, T, S) = (U + <a_j, T> + <b_j, S>)_j$$

avec $a_j + ib_j = l_j, a_j, b_j \in \mathbb{Z}^m$ (cf. p.50).

La matrice de F a $(1, l_j)$ pour j-ème ligne donc F est de rang maximal. Donc F est injective. La famille $f_j = F(e_j)$, où $(e_1, \ldots, e_{2m+1})$ est la base canonique de $\mathbb{C}^{2m+1}$ est une base de $Im(F)$. On peut remarquer que chaque f_j a des coordonnées entières. On complète cette base en une base $(f_1, \ldots, f_n)$ de $\mathbb{C}^n$ avec des vecteurs de coordonnées entières. Ensuite, on définie l'application linéaire $G : \mathbb{C}^n \to \mathbb{C}^{n-2m-1}$ par linéarité et

$$G(f_j) = \begin{cases} 0 & j \in \{1, \ldots, 2m+1\} \\ g_j & \text{sinon} \end{cases}$$

(avec $(g_{2m+2}, \ldots, g_n)$ la base canonique de $\mathbb{C}^{n-2m-1}$)

Il est clair par construction que la suite suivante est exacte :

$$0 \longrightarrow \mathbb{C}^{2m+1} \xrightarrow{F} \mathbb{C}^n \xrightarrow{G} \mathbb{C}^{n-2m-1} \longrightarrow 0$$

De plus, on a

$$F(\mathbb{Z}^{2m+1}) \subset \mathbb{Z}^n, \ G(\mathbb{Z}^n) \subset \mathbb{Z}^{n-2m-1}$$

Soit $t \in (\mathbb{C}^*)^{2m+1}$ et T un élément de $\mathbb{C}^{2m+1}$ tel que $t = exp(T)$. On pose $g(t) = exp(G(T))$. La remarque précédente a pour conséquence que g est bien définie. De plus, on a :

Proposition III.13: g est un homomorphisme de groupes et le diagramme suivant est commutatif :

$$
\begin{array}{ccccc}
(\mathbb{C}^*)^{2m+1} & \xrightarrow{\ f\ } & (\mathbb{C}^*)^n & \xrightarrow{\ g\ } & (\mathbb{C}^*)^{n-2m-1} \\
\uparrow{\scriptstyle exp} & & \uparrow{\scriptstyle exp} & & \uparrow{\scriptstyle exp} \\
\mathbb{C}^{2m+1} & \xrightarrow{\ F\ } & \mathbb{C}^n & \xrightarrow{\ G\ } & \mathbb{C}^{n-2m-1}
\end{array}
$$

Finalement, on montre que :

Proposition III.14: g est surjectif et $Ker(g) = Im(f)$

Démonstration: La surjectivité de g est claire (puisque G et exp sont surjectifs). Donc, seule l'égalité $Ker(g) = Im(f)$ est à démontrer. De la construction de F et G et la commutativité du précédent diagramme, on a pour tout $t = exp(T)$,

$$g \circ f(t) = g \circ f \circ exp(T) = exp \circ G \circ F(T) = exp(0) = 1$$

Donc $Im(f) \subset Ker(g)$. Réciproquement, soit t un élément de $Ker(g)$. On pose $t = exp(T)$, pour un certain $T \in \mathbb{C}^n$ et on a $1 = g(t)$, soit $exp(G(T)) = 1$. Par conséquent, $G(T) \in 2i\pi\mathbb{Z}^{n-2m-1}$, i.e.

$$
\begin{aligned}
G(T) &= (2i\pi q_{2m+2}, \dots, 2i\pi q_n) \\
&= 2i\pi q_{2m+2} g_{2m+2} + \dots 2i\pi q_n g_n \\
&= G(2i\pi q_{2m+2} f_{2m+2} + \dots 2i\pi q_n f_n)
\end{aligned}
$$

On a donc $T - (2i\pi q_{2m+2} f_{2m+2} + \dots 2i\pi q_n f_n) \in Ker(G) = Im(F)$. On peut alors écrire que

$$T = \lambda_1 f_1 + \dots \lambda_{2m+1} f_{2m+1} + 2i\pi q_{2m+2} f_{2m+2} + \dots 2i\pi q_n f_n$$

Pour finir, $T = F(\lambda_1 e_1 + \dots \lambda_{2m+1} e_{2m+1}) + 2i\pi(q_{2m+2} f_{2m+2} + \dots q_n f_n)$, ce qui implique que

$$
\begin{aligned}
t &= exp(F(\lambda_1 e_1 + \dots \lambda_{2m+1} e_{2m+1})) \\
&= f(exp(\lambda_1 e_1 + \dots \lambda_{2m+1} e_{2m+1}))
\end{aligned}
$$

donc $t \in Im(f)$. $\square$

En particulier, $T_N = (\mathbb{C}^*)^n / Im(f)$ est isomorphe à $(\mathbb{C}^*)^{n-2m-1}$. On notera $\bar{g}$ l'isomorphisme entre T_N et $(\mathbb{C}^*)^{n-2m-1}$ induit par g.

Définition: On note λ_T^u pour le sous-groupe à un paramètre de T_N défini par

$$\lambda_T^u = \bar{g}^{-1} \circ \lambda_{n-2m-1}^u$$

Puisque $\bar{g}$ est un isomorphisme, tout sous-groupe à un paramètre de T_N est de cette forme.

Notation : Soit $\phi : T_1 \to T_2$ un homomorphisme de groupe entre deux tores algébriques T_1 et T_2. Nous noterons ϕ^* pour le morphisme induit par ϕ entre les réseaux des sous-groupes à un paramètre de T_1 et T_2 : on a $\phi^*(\lambda) = \phi \circ \lambda$, pour tout sous-groupe λ de T_1.

Le groupe des sous-groupes à un paramètre de $(\mathbb{C}^*)^n$ est $\{\lambda_n^u / u \in \mathbb{Z}^n\}$ que nous identifierons avec $\mathbb{Z}^n$ via l'isomorphisme $u \leftrightarrow \lambda_n^u$. Via cette application, les applications F et G sont exactement les morphismes induits par f et g respectivement :

Proposition III.15: Avec les identifications précédentes, on a $F = f^*$ et $G = g^*$. Plus précisément, on a :

1. Pour tout v dans $\mathbb{Z}^{2m+1}$, $f \circ \lambda_{2m+1}^v$ est le sous-groupe à un paramètre $\lambda_n^{F(v)}$ de $(\mathbb{C}^*)^n$.

2. Pour tout v dans $\mathbb{Z}^n$, $g \circ \lambda_n^v$ est le sous-groupe à un paramètre $\lambda_{n-2m-1}^{G(v)}$ de $(\mathbb{C}^*)^{n-2m-1}$.

Démonstration: Prenons un élément t de $\mathbb{C}^*$.

1. On a $\lambda_{2m+1}^v(t) = (t^{v_1}, ..., t^{v_{2m+1}})$, donc

$$f \circ \lambda_{2m+1}^v(t) = (t^{v_1 + v_2 a_j^1 + \cdots + v_{m+1} a_j^m + \cdots + v_{2m+1} a_j^m})_j = (t^{<v, \widetilde{l_j}>})_j = \lambda_n^{F(v)}(t)$$

2. Considérons un élément T de $\mathbb{C}$ tel que $t = exp(T)$. On pose $w = G(v) = (w_1, ..., w_{n-2m-1})$. Si on note g_j (resp. G_j) pour les applications coordonnées de g (resp. G) dans les bases canoniques, on peut facilement vérifier que $g_j \circ exp = exp \circ G_j$ et que $w_j = G_j(v)$ pour tout j.
   Ensuite, on a $\lambda_n^v(t) = (t^{v_1}, \ldots, t^{v_n}) = (e^{Tv_1}, \ldots, e^{Tv_n})$, donc

$$\begin{aligned} g \circ \lambda_n^v(t) &= g(e^{Tv_1}, \ldots, e^{Tv_n}) \\ &= exp \circ G(Tv_1, \ldots, Tv_n) \\ &= exp(G_1(Tv), \ldots, G_{n-2m-1}(Tv)) \end{aligned}$$

Par conséquent,

$$
\begin{aligned}
g \circ \lambda_n^v(t) &= \left(e^{G_1(Tv)}, \ldots, e^{G_{n-2m-1}(Tv)}\right) \\
&= \left(e^{TG_1(v)}, \ldots, e^{TG_{n-2m-1}(v)}\right) \\
&= \left(e^{Tw_1}, \ldots, e^{Tw_{n-2m-1}}\right)
\end{aligned}
$$

Finalement, on a bien

$$
g \circ \lambda_n^v(t) = \lambda_{n-2m-1}^w(t)
$$

ce qui signifie que $\overline{g}(\lambda_n^v) = \lambda_{n-2m-1}^{G(v)}$. $\square$

Dans le but du calculer l'éventail de T_N, nous devons comprendre en profondeur son groupe des sous-groupes à un paramètre. Pour cela, nous aimerions maintenant identifier le groupe N des sous-groupes à un paramètre de T_N avec un réseau de $\mathbb{C}^n/Im(F)$. Un candidat naturel est décrit de la manière suivante : Soit Π la surjection canonique $\mathbb{C}^n \to \mathbb{C}^n/Im(F)$ et $\overline{G} : \mathbb{C}^n/Im(F) \to \mathbb{C}^{n-2m-1}$ l'isomorphisme linéaire induit par G. Remarquons que $\overline{G}$ se restreint en un isomorphisme de $\mathbb{Z}$-modules entre $\mathbb{Z}^{n-2m-1}$ et $\Pi(\mathbb{Z}^n)$. Si u appartient à $\mathbb{Z}^n$, on pose $\lambda_T^{\Pi(u)}$ pour le sous-groupe à un paramètre $\lambda_T^{G(u)}$ (cette définition a un sens puisque $Im(F) = Ker(G)$). Par conséquent, on a : $N = \{\lambda_T^{\Pi(u)}/u \in \mathbb{Z}^n\}$, qui peut être identifié avec $\Pi(\mathbb{Z}^n) = \mathbb{Z}^n/Im(F)$.

Maintenant, nous pouvons définir une application "exponentielle" entre $\mathbb{C}^n/Im(F)$ et T_N : on définit $exp : \mathbb{C}^n/Im(F) \to T_N$ en posant $exp(\Pi(z)) = \pi \circ (exp(z))$ pour tout élément z de $\mathbb{C}^n$. Le fait que $Ker(g) = Im(f)$ implique que cette application est bien définie. De manière alternative, on peut aussi définir cette exponentielle comme étant l'application $\overline{g}^{-1} \circ exp \circ \overline{G}$. Par construction, on a $\pi \circ exp = exp \circ \Pi$ et $exp \circ \overline{G} = \overline{g} \circ exp$. De plus, pour tout v dans $\mathbb{Z}^n$, $\pi \circ \lambda_n^v = \lambda_T^{\Pi(v)}$, ce revient à dire que $\Pi = \pi^*$. Pour résumer, on a le diagramme commutatif suivant :

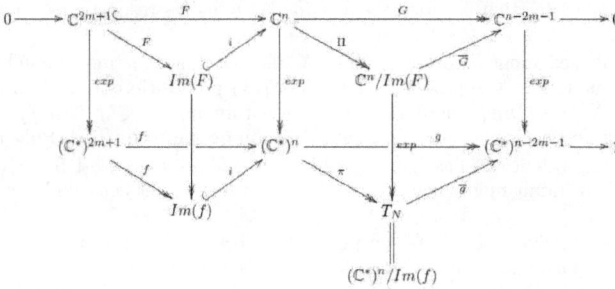

4.4 Etude de la projection π

Dans cette dernière section, nous démontrons le théorème III.3. Soit Σ l'éventail de $N_{\mathbb{R}} = N \otimes \mathbb{R}$ associé à X (cet éventail existe puisque X est séparé et normal). Dans le but d'utiliser la proposition III.10, nous devons montrer que Σ est simplicial. D'après [CLS], nous avons juste besoin de montrer que X est un orbifold (cf. [Th], Chapitre 13, ou [EV] pour la définition).

Comme il a été montré précédemment, l'action holomorphe étudiable sur $\mathcal{S}$ est libre et l'action algébrique sur $\mathcal{S}$ n'a que des stabilisateurs finis. Par conséquent, tout stabilisateur pour l'action de $K = (\mathbb{C}^*)^{2m}/\mathbb{C}^m \simeq (S^1)^{2m}$ sur $\mathcal{N}$ est fini (voir la proposition III.6). Donc X est le quotient de la variété compacte $\mathcal{N}$ par l'action du tore compact K et tout stabilisateur pour cette action est fini.

Finalement, l'application

$$\phi_n : \begin{array}{ccc} K & \longrightarrow & \mathcal{N} \\ h & \mapsto & h \cdot n \end{array}$$

est propre pour tout élément n de $\mathcal{N}$ puisque c'est une application continue définie sur un compact. Par un théorème d'Holmann (cf. [Or], §5.1), on obtient que X est effectivement un orbifold. Utilisant la proposition III.10 à profit, nous avons montré que K_{Σ}, le complexe sous-jacent de l'éventail Σ, est une $(n-2m-2)$-sphère.

Maintenant, le théorème suivant permettra de démontrer le théorème III.3 :

Théorème III.4: K_{Σ} et $\mathcal{P}$ sont des complexes simpliciaux isomorphes.

Démonstration: Tout d'abord, π est par construction un morphisme torique. Cela signifie que π envoie $(\mathbb{C}^*)^n$ dans T_N et est équivariant pour les actions toriques de $(\mathbb{C}^*)^n$ et de T_N (cf. [CLS], Définition 3.3.3). On en déduit que π envoie une orbite O_I de $\mathcal{S}$ dans une orbite de X. On désigne par $\widetilde{O}_I$ l'unique orbite de X contenant $\pi(O_I)$. De plus, l'application π^* (identifié à Π) de $\mathbb{R}^n$ dans $N_{\mathbb{R}}$ respecte les cônes.

De plus, on peut facilement montrer que $\mathcal{S}$ et X ont exactement le même nombre d'orbites pour les actions toriques. En effet, d'après la proposition III.5, l'espace des orbites de $X = \mathcal{S}/Im(f)$ pour l'action de son tore $T_N = (\mathbb{C}^*)^n/Im(f)$ est homéomorphe à l'espace des orbites de $\mathcal{S}$ pour l'action de son tore $(\mathbb{C}^*)^n$. Puisque π est surjectif, on obtient que l'assignation $O_I \to \widetilde{O}_I$ (induite par π) est bijective. Par conséquent, Π induit une bijection entre les cônes de $\Sigma(\mathcal{S})$ et ceux de Σ.

Si σ est un cône appartenant à $\Sigma(\mathcal{S})$, on note $O(\sigma)$ l'orbite de $\mathcal{S}$ associée à σ (cf. [CLS], ch.3). En particulier, on a $O(\sigma_I) = O_I$. Nous noterons les orbites de X de manière analogue. De plus, l'image du cône σ par Π sera notée $\tilde{\sigma}$. On a donc

$\widetilde{O(\sigma)} = O(\tilde{\sigma})$.

Toujours d'après [CLS], π préserve l'ordre partiel des faces : si τ est une face de σ dans $\Sigma(\mathcal{S})$, alors $\tilde{\tau}$ est une face de $\tilde{\sigma}$.

D'autre part, une légère modification de la démonstration du fait que $(\mathbb{C}^*)^n / Im(f)$ (i.e. $\pi(O_\emptyset)$) est isomorphe à $(\mathbb{C}^*)^{n-2m-1}$ montre que $\pi(O(\sigma))$ est isomorphe à $(\mathbb{C}^*)^{n-2m-1-dim(\sigma)}$. Au niveau des cônes, cela signifie que des cônes de $\Sigma(\mathcal{S})$ de même dimension sont envoyés sur des cônes de Σ de même dimension. En particulier, Π envoie rayons sur rayons. Cette dernière propriété implique que Π induit une bijection entre les sommets de $\mathcal{P}$ et les sommets de K_Σ, bijection que nous noterons aussi Π.

Il est clair par ce qui précède que cette dernière application est un isomorphisme de complexes simpliciaux. $\square$

Par conséquent, $\mathcal{P}$ est bien une sphère simpliciale. Plus précisément, ce que nous avons est un type particulier de sphère simpliciale, à savoir une sphère qui est le complexe sous-jacent d'un certain éventail complet :

Corollaire III.15.1: Soit$(\mathcal{E}, l)$ un bon système vérifiant la condition (K). Alors le complexe associé $\mathcal{P}$ est une sphère rationnellement étoilée.

Démonstration: On a déjà montré que $\mathcal{P}$ est une sphère simpliciale combinatoirement équivalent à K_Σ. Si on note $\Sigma(1) = \{\rho_1, \ldots, \rho_v\}$ l'ensemble des différents rayons de Σ et $u_1, \ldots, u_v$ les générateurs respectifs de $\rho_1, \ldots, \rho_v$ dans N, alors le complexe géométrique C dont les simplexes sont $Conv(u_i, i \in I)$ pour I dans $\mathcal{P}$ est une réalisation de $\mathcal{P}$ dans $\mathbb{R}^{n-2m-1}$ avec des sommets rationnels. Le point 0 est dans le noyau de C donc $\mathcal{P}$ est rationnellement étoilée. $\square$

Exemple 15: Le théorème précédent permet de donner une autre preuve du fait que l'ensemble fondamental $\mathcal{P}_{1,6}$ de 1 n'est l'ensemble fondamental d'aucun bon système. En effet, son complexe associé n'est pas une sphère (son premier groupe d'homologie entière est $\mathbb{Z}/2\mathbb{Z}$).

5   Construction inverse

Dans cette section[4], nous démontrons un théorème de réalisation : pour toute sphère rationnellement étoilée, il existe un bon système dont le complexe associé est la sphère en question. Dans [Me], p.86, le même type de théorème est prouvé pour les polytopes simples et les variétés LVM. Un des principaux intérêts de ce théorème est de donner une piste pour répondre à la question suivante : existe-t-il une variété LVMB ayant une topologie différente de celle de toutes les variétés

---

4. cette section reprend et modifie légèrement la construction exposée dans [Tam]

LVM ? L'idée est d'utiliser ce théorème pour construire une variété LVMB à partir d'une sphère rationnellement étoilée $\mathcal{P}$ non polytopale et de montrer que cette variété LVMB a une topologie particulière. Par exemple, on peut espérer que la variété LVMB construite à partir de la sphère de Brückner ou à partir de la sphère de Barnette (les deux 3-sphères à 8 sommets qui ne sont pas polytopales) sont de bons candidats.

Soit $\mathcal{P}$ une sphère rationnellement étoilée de dimension d avec v sommets (à un isomorphisme de complexes simpliciaux près, on supposera que ces sommets sont $1, 2, \ldots, v$). Alors, il existe un réseau N et une réalisation $|\mathcal{P}|$ de $\mathcal{P}$ dans $\mathbb{R}^{d+1}$ dont tous les sommets sont éléments de N. On peut supposer que 0 est dans le centre de $|\mathcal{P}|$ et que N est le réseau $\mathbb{Z}^{d+1}$. On note $x_1, \ldots, x_v$ les sommets de $|\mathcal{P}|$ correspondant aux sommets $1, \ldots, v$ de $\mathcal{P}$ et $p_1, \ldots, p_v$ les générateurs des rayons de $\mathbb{Z}^{d+1}$ passant par x_1 (i.e p_j est l'unique générateur du semi-groupe $\mathbb{Z}^{d+1} \cap [0, x_j)$). Quitte à les réindexer, on peut supposer que $p_1, \ldots, p_r$ sont les générateurs distincts des vecteurs de la base canonique de $\mathbb{Z}^{d+1}$.

Pour commencer, on suppose que r est pair et on pose $r = 2m$. On note $\mathcal{E}$ l'ensemble défini par

$$\{ P \in \{1, \ldots, r+d+1\} \ / \ P^c \text{ est une facette de } \mathcal{P} \}$$

et $\mathcal{E}_0 = \{ \{0\} \cup P \ / \ P \in \mathcal{E} \}$. On note aussi A la matrice dont les colonnes sont $p_1, \ldots, p_r$. On désignera ses lignes par $p^1, \ldots, p^{d+1}$, et finalement, on a :

Théorème III.5: Si $(e_1, \ldots, e_r)$ est la base canonique de $\mathbb{R}^r$, alors

$$\left(\mathcal{E}_0, \ \left(0, e_1, \ldots, e_r, -p^1, \ldots, -p^{d+1} \right) \right)$$

est un bon système de type $(r+1, d+r+2)$ dont le complexe associé est $\mathcal{P}$.

Démonstration: D'abord, puisque $\mathcal{P}$ est une d-sphère, il est clair que $\mathcal{P}$ est un complexe pur dont les facettes ont $(d+1)$ éléments. Par conséquent, chaque partie de $\mathcal{E}_0$ a $(r+1)$ éléments. Donc, $\mathcal{E}_0$ est un ensemble fondamental de type $(r+1, r+d+2)$ (comme d'habitude, nous noterons $\mathcal{A}_0$ l'ensemble des parties acceptables pour $\mathcal{E}_0$). Remarquons que, puisque chaque facette de $\mathcal{P}$ a ses sommets dans $\{1, \ldots, v\}$, $\mathcal{E}_0$ a au plus $d+2$ éléments indispensables. De plus, par définition[5], le complexe associé de $\mathcal{E}_0$ est $\mathcal{P}$. Puisque $\mathcal{P}$ est une sphère, donc une pseudo-variété, la proposition I.7 implique que $\mathcal{E}_0$ est minimal pour le *PEUR*. On peut aussi remarquer que ceci est vrai pour $\mathcal{E}$ (avec $\mathcal{A}$ comme ensemble de parties acceptables).

---

5. On peut remarquer que $r+d+1 \geq v$.

Ensuite, on doit vérifier que les vecteurs $0, e_1, e_2, \ldots, e_r, -p^1, \ldots, -p^{d+1}$ sont compatibles avec $\mathcal{E}_0$ pour faire un bon système. On pose $\rho_j = pos(p_j)$ pour le rayon engendré par $p_j, j = 1, \ldots, v$. On note aussi $\Sigma(\mathcal{P})$ l'éventail défini par $\Sigma(\mathcal{P}) = \{pos(p_j, j \in I)/I \in \mathcal{P}\}$. Alors, par définition, $\Sigma(\mathcal{P})$ est un éventail simplicial dont le complexe sous-jacent est $\mathcal{P}$. Par conséquent, $\Sigma(\mathcal{P})$ est rationnel par rapport à N et complet (puisque $\mathcal{P}$ est une sphère, cf. la proposition III.10). On note X la variété torique compacte associée à $\Sigma(\mathcal{P})$. Suivant [Ham], nous allons construire X comme un quotient d'une variété quasi-affine torique par l'action d'un tore algébrique.

Dans ce qui suit, $(e_j)_{j=1,\ldots,N}$ est la base canonique de $\mathbb{C}^N$ (pour tout N). Soit $\widetilde{\Sigma}$ l'éventail de $\mathbb{R}^{r+d+1}$ dont les cônes sont $pos(e_j, j \in J)$, $J \in \mathcal{P}$. Clairement, $\widetilde{\Sigma}$ est un éventail simplicial non complet dont le complexe sous-jacent est aussi $\mathcal{P}$. On note $\widetilde{X}$ la variété torique (quasi-affine) associée à cet éventail. Alors, l'ouvert $\mathcal{S} = \{z \in \mathbb{C}^{r+d+1}/I_z \in \mathcal{A}\}$ est exactement l'ensemble $\widetilde{X}$. En effet, le calcul de la démonstration de la proposition III.11 montre que l'éventail de $\mathcal{S}$ est l'éventail dans $\mathbb{R}^{r+d+1}$ dont les rayons sont engendrés par la base canonique et dont le complexe sous-jacent est $\mathcal{P}$. Ainsi, $\mathcal{S}$ and $\widetilde{X}$ ont exactement le même éventail, donc ces ensembles coïncident. On peut aussi remarquer que

$$\mathcal{S}_0 = \mathbb{C}^* \times \mathcal{S} = \left\{ (z_0, z) \in \mathbb{C}^{r+d+2} \ / \ I_{(z_0,z)} \in \mathcal{A}_0 \right\}$$

a le même éventail, mais vu dans $\mathbb{R}^{r+d+2}$.

Finalement, on définit l'application f par

$$f : (\mathbb{C}^*)^r \rightarrow (\mathbb{C}^*)^{r+d+1}$$
$$t \mapsto f(t) = \left(t, X_r^{-p^1}(t), \ldots, X_r^{-p^{d+1}}(t) \right)$$

Remarquons que $t = (X_r^{e_1}(t), \ldots, X_r^{e_r}(t))$. D'après [Ham], X est le quotient de $\widetilde{X} = \mathcal{S}$ par la restriction de l'action torique de $(\mathbb{C}^*)^{r+d+1}$ au sous-groupe $Im(f)$. C'est un quotient géométrique car $\widetilde{\Sigma}$ est simplicial.

Considérant $l_0 = 0, l_1 = e_1, \ldots, l_{2m} = e_{2m}, l_{2m+1} = -p^1, \ldots, l_{r+d+2} = -p^{d+1}$ comme élément de $\mathbb{C}^m$ (via l'identification de $\mathbb{R}^{2m}$ à $\mathbb{C}^m$, cf. la partie Notations), on peut définir une action holomorphe de $(\mathbb{C}^*) \times \mathbb{C}^m$ sur $\mathcal{S}_0$ en posant

$$(\alpha, T) \cdot (z_0, z) = \left(\alpha e^{<l_j, T>} z_j \right)_{j=0}^{r+d+2} \quad \forall \alpha \in \mathbb{C}^*, t \in \mathbb{C}^m, (z_0, z) \in \mathcal{S}_0$$

Il est clair que $(\mathcal{E}_0, l)$ vérifie (K). De plus, l'action algébrique étudiable associée à ce système a X comme quotient. En effet, un calcul montre que cette action algébrique est définie par

$$(\alpha, t) \cdot (z_0, z) = (\alpha z_0, \alpha f(t) \cdot z) \; \forall \alpha \in \mathbb{C}^*, t \in (\mathbb{C}^*)^{2m}, (z_0, z) \in \mathcal{S}_0$$

(où le deuxième point désigne l'action torique de $(\mathbb{C}^*)^{r+d+1}$ sur $\mathbb{C}^{r+d+1}$, i.e. la multiplication composante par composante)

Si on note $\mathcal{V}_0 = \{\; [z_0, z] \;/\; (z_0, z) \in \mathcal{S}_0 \;\}$ la "projectivisation" de $\mathcal{S}_0$, alors l'espace des orbites pour l'action algébrique est le quotient de $\mathcal{V}_0$ par l'action définie par

$$t \cdot [z_0, z] = [z_0, f(t) \cdot z] \; \forall t \in (\mathbb{C}^*)^{2m}, [z_0, z] \in \mathcal{V}_0$$

Mais $\mathcal{V}_0 = \{\; [1, z] \;/\; z \in \mathcal{S} \;\}$ est homéomorphe à $\mathcal{S}$, donc l'affirmation est prouvée.

La seule chose qu'il reste à prouver est de vérifier que $(\mathcal{E}_0, l)$ est un bon système, c'est-à-dire que l'espace des orbites $\mathcal{N}$ pour l'action holomorphe est une variété complexe. On a vu que X est un quotient géométrique donc l'action de $(\mathbb{C}^*)^{2m}$ est propre (voir, par exemple, [BBCM], p.28). Par conséquent, l'action de $\mathbb{C}^m$ est propre aussi, et puisque $\mathbb{C}^m$ n'a pas de sous-groupe compact (à l'exception de $\{0\}$, bien sûr), son action est libre. Finalement, l'action est propre et libre donc $\mathcal{N}$ peut être muni d'une structure de variété complexe compacte. Ceci termine la démonstration dans le cas où r est pair.

Remarque III.12:

1. Puisque $\mathcal{N}$ est une variété complexe compacte, la condition d'imbrication est remplie (cf. le théorème III.1). Cela donne aussi une autre démonstration du fait que $\mathcal{E}_0$ vérifie le *PEUR*.

2. La transformation de $(p_1, \ldots, p_r, e_1, \ldots, e_{d+1})$ en $(e_1, \ldots, e_r, -p^1, \ldots, -p^{d+1})$ est appelée transformation linéaire de $(p_1, \ldots, p_r, e_1, \ldots, e_{d+1})$ (voir [E] par exemple). Dans [Me], la construction d'une variété LVM à partir d'un polytope simple utilise un type particulier de transformation linéaire appelée transformation de Gale (ou transformation affine) (voir [E])

3. La condition voulant que les vecteurs $p_1, \ldots, p_r$ soient différents de ceux de la base canonique est facultative. Elle permet néanmoins de limiter le nombre d'éléments indispensables.

Maintenant, on suppose que $r = 2m + 1$ est impair. La construction est très similaire au cas où r est pair. Cependant, on doit effectuer une étape additionnelle : on définit une action de $(\mathbb{C}^*)^{r+1}$ sur $\mathcal{S}_0$ par

$$(t_0, t) \cdot (z_0, z) = (t_0 z_0, f(t) \cdot z) = \left(t_0 z_0, X^{e_1}(t) z_1, \ldots, X^{-p^{d+1}}(t) z_{r+d+1}\right)$$

où f et l'action de $Im(f)$ sont définis comme précédemment, et e_0 est le premier vecteur de la base canonique de $\mathbb{C}^{r+1}$ avec coordonnées $(z_0, z_1, \ldots, z_{r+1})$. L'espace des orbites pour cette action est encore X. La suite est comme précédemment : on définit un ensemble fondamental $\mathcal{E}_* = \{\ \{-1\} \cup E\ /\ E \in \mathcal{E}_0\ \}$ et on a :

Théorème III.6: Si $e_0, \ldots, e_r$ est la base canonique de $\mathbb{R}^{r+1}$, alors

$$(\mathcal{E}_*, (0, e_0, e_1, \ldots, e_r, (0, -p^1), \ldots, (0, -p^{d+1})))$$

est un bon système de type $(r+2, d+r+3)$ dont le complexe associé est $\mathcal{P}$.

Remarque III.13: En utilisant la proposition I.8, on peut construire un bon système avec uniquement 1 ou 2 éléments indispensables. Dans [Me], la construction d'un bon système à partir d'un polytope simple donne un bon système avec au plus un élément indispensable.

Exemple 16: Soit $\mathcal{P}$ le complexe sur $\{1, 2, 3, 4\}$ dont les facettes sont (12), (14), (23) et (34). C'est une sphère simpliciale de dimension $d = 1$ et à $v = 4$ sommets. En fait, $\mathcal{P}$ représente la frontière d'un carré donc $\mathcal{P}$ est une sphère rationnellement étoilée. Une réalisation rationnelle (pour le réseau $\mathbb{Z}^2$) et étoilée en 0 est obtenue en considérant les sommets

$$x_1 = (-1, 0),\ x_2 = (0, -1),\ x_3 = (1, 0)\ \text{et}\ x_4 = (0, 1)$$

Alors on peut prendre $r = 2$. On a alors

$$\mathcal{E} = \{\ (12), (23), (34), (14)\ \}\ \text{et}\ \mathcal{E}_0 = \{\ (012), (023), (034), (014)\ \}$$

La matrice A est alors l'opposé de l'identité et donc on a $p^1 = (-1, 0)$ et $p^2 = (0, -1)$. L'éventail $\Sigma(\mathcal{P})$ est l'éventail dont les faces sont

$$\{\ pos(-e_1, -e_2), pos(-e_2, e_1), pos(e_1, e_2), pos(e_2, -e_1)\ \}$$

Ainsi, la variété X est le produit $\mathbb{P}^1 \times \mathbb{P}^1$. De même, on calcule que

$$\mathcal{S} = \{\ z\ /\ (z_1, z_3) \neq 0,\ (z_2, z_4) \neq 0\ \}$$

Enfin, on a $f(t) = (t_1, t_2, t_1, t_2)$ et donc l'action holomorphe est définie par

$$\forall \alpha \in \mathbb{C}^*, T \in \mathbb{C}, z_0 \in \mathbb{C}^*, z \in \mathbb{C}^4$$

$$(\alpha, T) \cdot (z_0, z) = (\alpha z_0, \alpha e^T z_1, \alpha e^{iT} z_2, \alpha e^T z_3, \alpha e^{iT} z_4)$$

et l'action algébrique par

$$\forall \alpha \in \mathbb{C}^*, t \in (\mathbb{C}^*)^2, z_0 \in \mathbb{C}^*, z \in \mathbb{C}^4$$

$$(\alpha, t) \cdot (z_0, z) = (\alpha z_0, \alpha t_1 z_1, \alpha t_2 z_2, \alpha t_1 z_3, \alpha t_2 z_4)$$

Chapitre IV

Complexes moment-angle

Dans ce chapitre, nous rappelons quelques résultats connus concernant les complexes moment-angle. Dans [BM], il est montré que les objets appelés *links*, i.e. des intersections de quadriques homogènes complexes dans $\mathbb{C}^n$, sont homéomorphes aux complexes moment-angle paramétrés par des polytopes simples. Cet homéomorphisme est utilisé pour munir les complexes moment-angle paramétrés par des polytopes simples d'une structure de variété différentiable. Dans [Bos], l'auteur exhibe un ensemble compact de $\mathbb{C}^n$ dont le quotient par l'action diagonale de S^1 sur $\mathbb{C}^n$ est une variété LVMB. Dans ce qui suit, on montre que cet ensemble est un complexe moment-angle. Cela nous permet de montrer que de nombreux complexes moment-angle peuvent être munis d'une structure complexe. Dans ce chapitre, si K est un complexe simplicial sur $\{1, \ldots, n\}$, on suppose qu'il existe v tel que $\{1, \ldots, v\}$ soit l'ensemble des sommets de K.

1 Variétés LVMB et complexes moment-angle

Dans cette section, nous suivrons les notations et définitions de [BP]. Nous utiliserons les résultats des sections précédentes pour montrer que de nombreux complexes moment-angle admettent des structures de variétés complexes.

Définition: Soit K un complexe simplicial sur $\{1, \ldots, n\}$ de dimension $d - 1$. Si $\sigma \subset \{1, \ldots, n\}$, on pose

$$C_\sigma = \{\, t \in [0,1]^n \;/\; t_j = 1 \; \forall j \notin \sigma \,\}$$

et

$$B_\sigma = \{\, z \in \mathbb{D}^n \;/\; |z_j| = 1 \; \forall j \notin \sigma \,\}$$

Le *complexe moment-angle* associé à K est

$$\mathcal{Z}_{K,n} = \bigcup_{\sigma \in K} B_\sigma$$

Si K n'a pas de sommet fantôme, on note $\tilde{\mathcal{Z}}_K$ pour $\mathcal{Z}_{K,n}$.

Remarque IV.1: La dimension de $\mathcal{Z}_{K,n}$ est $n + d + 1$, avec $d = dim(K)$.

Dans le cas où il y a des sommets fantômes, on a le théorème suivant (appelé "théorème de stabilité par multiplication par des tores") :

Proposition IV.1 ([BP],proposition 6.11): Pour tout $k > 0$ et tout complexe simplicial K sur $\{1, \ldots, n\}$, on a

$$\mathcal{Z}_{K,n+k} = \mathcal{Z}_{K,n} \times \left(S^1\right)^k$$

Exemple 17: Si K est homéomorphe à la frontière du n-simplexe, alors $\mathcal{Z}_{K,n+1}$ est la sphère S^{2n-1} (cf. [BP]). Si K n'a que des sommets fantômes, alors $\mathcal{Z}_{K,n} = (S^1)^n$.

Dans [BP], lemme 6.13, il est montré que si K est une sphère simpliciale, alors $\mathcal{Z}_{K,n}$ est une variété topologique compacte[1]. De plus, dans [Bos], pour démontrer le théorème III.1 (p.1268 dans [Bos]), Bosio introduit l'ensemble $\widehat{M_1^i}$ défini par

$$\widehat{M_1^i} = \{ \, z \in \mathbb{D}^n / \, J_z \in \mathcal{A} \, \}$$

où $J_z = \{ \, k \in \{1, \ldots, n\} / \, |z_j| = 1 \, \}$. Cet ensemble s'identifie au quotient de $\mathcal{S}$ par la restriction de l'action holomorphe étudiable à $\mathbb{R}_+^* \times \mathbb{C}^m$ et par conséquent, $\mathcal{N}$ est le quotient de $\widehat{M_1^i}$ par *l'action diagonale* de S^1 définie par :

$$e^{i\theta} \cdot z = (\, e^{i\theta} z_1, \ldots, e^{i\theta} z_n \,) \quad \forall \theta \in \mathbb{R}, \; z = (z_1, \ldots, z_n) \in \widehat{M_1^i} \subset \mathbb{C}^n$$

Proposition IV.2: On a $\widehat{M_1^i} = \mathcal{Z}_{\mathcal{P},n}$

Démonstration: En effet, on peut écrire :

---

1. La caractérisation des complexes K tels que $\tilde{\mathcal{Z}}_K$ peut être muni d'une structure de variété différentiable est un problème ouvert (cf. [BP])

$$\begin{aligned}
\widehat{M_1^j} &= \{z \in \mathbb{D}^n / J_z \in \mathcal{A}\} \\
&= \bigcup_{\tau \in \mathcal{A}} \{z \in \mathbb{D}^n / \tau \subset J_z\} \\
&= \bigcup_{\sigma \in \mathcal{P}} \{z \in \mathbb{D}^n / \forall j \notin \sigma, |z_j| = 1\} \\
&= \mathcal{Z}_{\mathcal{P},n} \qquad\qquad \square
\end{aligned}$$

Lorsqu'un bon système a des éléments indispensables (ce qui signifie que le complexe associé a des sommets fantômes), l'action diagonale sur $\widehat{M_1^j}$ peut être "concentrée" sur une coordonnée indispensable. Utilisant le théorème de stabilité, on en conclut que la variété LVMB associée est un complexe moment-angle. Plus précisément, on a le résultat suivant :

Proposition IV.3: Soit $(\mathcal{E}, l)$ un bon système de type $(2m + 1, n, k)$ et $\mathcal{N}$ la variété complexe associée à ce bon système. Si $k > 0$, alors $\mathcal{N}$ est homéomorphe à un complexe moment-angle.

Démonstration: Pour la clarté de la preuve, on suppose que n est un élément indispensable. Soit $\mathcal{P}$ la sphère associé à $\mathcal{E}$ et $\mathcal{S}$ l'ouvert de $\mathbb{C}^n$ dont le quotient par l'action holomorphe étudiable est $\mathcal{N}$. D'après la proposition IV.2, le quotient $\widehat{M_1^j} = \mathcal{S}/(\mathbb{R}_+^* \times \mathbb{C}^m)$ peut être identifié à $\mathcal{Z}_{\mathcal{P},n}$.

Soit ϕ l'application définie par

$$\begin{aligned}
\phi : \mathcal{Z}_{\mathcal{P},n} &\to \mathbb{C}^{n-1} \\
z &\mapsto \left(\frac{z_1}{z_n}, \ldots, \frac{z_{n-1}}{z_n}\right)
\end{aligned}$$

Puisque n est indispensable, on a $|z_n| = 1$ pour tout $z \in \mathcal{Z}_{\mathcal{P},n}$ donc ϕ est bien définie. De plus, ϕ est continue et un calcul simple montre que ϕ est invariante pour l'action diagonale et $\phi(\mathcal{Z}_{\mathcal{P},n}) = \mathcal{Z}_{\mathcal{P},n-1}$. Nous affirmons que si $\phi(z) = \phi(w)$, alors z et w appartiennent à la même orbite pour l'action diagonale. En effet, si $\phi(z) = \phi(w)$, on a

$$\left(\frac{z_1}{z_n}, \ldots, \frac{z_{n-1}}{z_n}\right) = \left(\frac{w_1}{w_n}, \ldots, \frac{w_{n-1}}{w_n}\right)$$

On a $|z_n| = |w_n| = 1$, donc $\frac{z_n}{w_n} = e^{i\alpha}$ et il en découle que $z = e^{i\alpha} w$.

Par conséquent, ϕ induit une application $\overline{\phi} : \mathcal{N} \to \mathcal{Z}_{\mathcal{P},n-1}$ qui est continue et bijective. En fait, c'est un homéomorphisme puisque son application réciproque ϕ^{-1} est l'application continue

$$\phi^{-1} \; : \; \mathcal{Z}_{\mathcal{P},n-1} \; \to \; \mathcal{N}$$
$$z \; \mapsto \; [(z,1)]$$

où $[(z,1)]$ représente la classe d'équivalence (l'orbite) de $(z,1) \in \mathcal{Z}_{\mathcal{P},n}$ pour l'action diagonale. $\square$

Corollaire IV.3.1: Soit $\mathcal{P}$ une sphère rationnellement étoilée. Alors $\tilde{\mathcal{Z}}_{\mathcal{P}}$ ou $\tilde{\mathcal{Z}}_{\mathcal{P}} \times S^1$ peut être muni d'une structure complexe de variété LVMB.

Démonstration: Puisque $\mathcal{P}$ est rationnellement étoilée, il existe un bon système $(\mathcal{E}, l)$ de type $(2m+1, n, k)$ dont le complexe associé est $\mathcal{P}$ (cf. le théorème III.5). De plus, notre construction de $(\mathcal{E}, l)$ permet d'avoir $k = 1$ ou $k = 2$. Alors, comme montré dans la proposition IV.3, $\mathcal{N}$ est homéomorphe à $\mathcal{Z}_{\mathcal{P},n-1}$. On munit cet ensemble de la structure de variété complexe induite par cet homéomorphisme. Si $k = 1$, on a $\mathcal{Z}_{\mathcal{P},n-1} \simeq \tilde{\mathcal{Z}}_{\mathcal{P}}$ et si $k = 2$, on a $\mathcal{Z}_{\mathcal{P},n-1} \simeq \tilde{\mathcal{Z}}_{\mathcal{P}} \times S^1$. $\square$

Remarque IV.2: Soit N_0 le plus petit entier N tel que $\mathcal{Z}_{\mathcal{P},N}$ peut être muni d'une structure de variété complexe. Alors, pour tout $q \in \mathbb{N}$, $\mathcal{Z}_{\mathcal{P},N_0+2q}$ peut être muni d'une structure complexe et on a $\mathcal{Z}_{\mathcal{P},N_0+2q} = \mathcal{Z}_{\mathcal{P},N_0} \times (S^1)^{2q}$. En effet, soit Λ la matrice dont les colonnes sont les vecteurs du bon système $(\mathcal{E}, l)$ donné dans la démonstration du corollaire IV.3.1. On pose $\tilde{\mathcal{E}} = \{\, P \cup \{N_0 + 1, N_0 + 2\} \,/\, P \in \mathcal{E}\,\}$ et on définit $\lambda_1, \ldots, \lambda_{n+2}$ comme les colonnes de la matrice

$$\begin{pmatrix} \Lambda & 0 & 0 \\ -1 \cdots -1 & 1 & 0 \\ -1 \cdots -1 & -1 & 1 \end{pmatrix}$$

Alors il est facile de montrer que $(\tilde{\mathcal{E}}, (\lambda_1, \ldots, \lambda_{n+2}))$ est un bon système et que l'on a $\mathcal{Z}_{\mathcal{P},N_0+2} = \mathcal{Z}_{\mathcal{P},N_0} \times (S^1)^2$.

2 Complexes moment-angle généralisés

Les complexes moment-angle généralisés ont été introduits par Porter dans [Po] et leur topologie a été intensivement étudiée depuis (cf. [BP] et [BBCG] par exemple).

Soit n un entier naturel non nul et V un ensemble de cardinal n. On se donne un espace topologique X et A un sous-espace de X. Pour tout $\sigma \subset V$, on pose

$$(X, A)_V^\sigma = \left\{ z \in X^V \,/\, \forall k \notin \sigma, \ z_k \in A \right\} \ \left(\simeq X^{|\sigma|} \times A^{n-|\sigma|} \right)$$

Ensuite, si K est un complexe simplicial sur V, le *complexe moment-angle géné-ralisé* associé à K [2] sera l'ensemble

$$(X, A)_V^K = \bigcup_{\sigma \in K} (X, A)_V^\sigma$$

Exemple 18:

1. Si $(X, A) = (\mathbb{D}, S^1)$, alors $(\mathbb{D}, S^1)_V^K = \mathcal{Z}_{K,n}$

2. Si $(X, A) = (\mathbb{C}, \mathbb{C}^*)$, alors $(\mathbb{C}, \mathbb{C}^*)_V^K$ est le complémentaire d'un arrangement de sous-espaces de coordonnées (cf. [BP], Chapitre 8).

Plus précisément, on a :

Proposition IV.4: Soit $\mathcal{E}$ un ensemble fondamental sur V de type (M, n), $\mathcal{P}$ et $\mathcal{S}$ le complexe et l'ouvert de $\mathbb{C}^n$ associés. Alors on a

$$(\mathbb{C}, \mathbb{C}^*)_V^{\mathcal{P}} = \mathcal{S}$$

Démonstration: On a

$$
\begin{aligned}
\mathcal{S} &= \{ z \in \mathbb{C}^n /\, I_z \in \mathcal{A} \} \\
&= \bigcup_{\tau \in \mathcal{A}} \{ z \in \mathbb{C}^n /\, \tau \subset I_z \} \\
&= \bigcup_{\sigma \in \mathcal{P}} \{ z \in \mathbb{C}^n /\, \forall j \notin \sigma, z_j \neq 0 \} \\
&= (\mathbb{C}, \mathbb{C}^*)_V^{\mathcal{P}} \qquad\qquad \square
\end{aligned}
$$

Exemple 19: Soit $(e_1, \ldots, e_n)$ la base canonique de $\mathbb{R}^n$, K un complexe simplicial sur $V = \{1, \ldots, n\}$. On définit un éventail Σ_K de $\mathbb{R}^n$ de la manière suivante : ses cônes sont exactement les enveloppes positives des parties $\{e_j /\, j \in J\}$ avec $J \in K$. On a alors

$$(\mathbb{R}_+, \{0\})_V^K = |\Sigma_K|$$

En effet, pour toute partie J de V, on a $(\mathbb{R}_+, \{0\})^J = pos(e_j, j \in J)$.

La structure de complexe moment-angle généralisé se comporte bien vis-à-vis de la notion de joint de complexes simpliciaux . Rappelons la définition d'un tel joint :

---

2. [Pa] et [BBCG] parlent de K-puissance de (X, A)

Définition: Soit K_1 et K_2 deux complexes simpliciaux sur des ensembles disjoints V_1 et V_2. Le joint de K_1 et K_2 est le complexe simplicial

$$K_1 * K_2 = \{ \; \sigma_1 \sqcup \sigma_2 \; / \; \sigma_1 \in K_1, \; \sigma_2 \in K_2 \; \}$$

On a alors la propriété suivante :

Proposition IV.5: Soit K_1 et K_2 deux complexes simpliciaux sur des ensembles disjoints V_1 et V_2 et (X, A) une paire d'espaces topologiques. Alors on a

$$(X, A)^{K_1 * K_2}_{V_1 \sqcup V_2} \simeq (X, A)^{K_1}_{V_1} \times (X, A)^{K_2}_{V_2}$$

où $\simeq$ est la relation "est homéomorphe à". De plus, cet homéomorphisme est une permutation des coordonnées de $\mathbb{C}^n$.

Démonstration: Pour alléger la démonstration, on suppose que $V_1 = \{1, \ldots, n_1\}$ et $V_2 = \{n_1 + 1, \ldots, n_1 + n_2\}$. Si $z \in \mathbb{C}^{n_1 + n_2}$, on note $z_- = (z_1, \ldots, z_{n_1})$ et $z_+ = (z_{n_1 + 1}, \ldots, z_{n_1 + n_2})$. Soit $z = (z_-, z_+) \in X^{V_1 \sqcup V_2}$. Alors

$$
\begin{aligned}
z \in (X, A)^{K_1 * K_2}_{V_1 \sqcup V_2} \quad &\Leftrightarrow \quad \exists \; J \in K_1 * K_2; \; \forall j \notin J, \; z_j \in A \\
&\Leftrightarrow \quad \exists \; J_1 \in K_1, \; J_2 \in K_2; \; (\forall j \notin J_1, \; z_j \in A) \text{ et } (\forall j \notin J_2, \; z_j \in A) \\
&\Leftrightarrow \quad z_- \in (X, A)^{K_1}_{V_1} \text{ et } z_+ \in (X, A)^{K_2}_{V_2} \\
&\Leftrightarrow \quad z \in (X, A)^{K_1}_{V_1} \times (X, A)^{K_2}_{V_2} \qquad \qquad \square
\end{aligned}
$$

Proposition IV.6: Soit W un ensemble fini contenant V et K un complexe simplicial sur V. Soit (X, A) une paire d'espaces topologiques. Alors $(X, A)^{K}_{W}$ est homéomorphe à $(X, A)^{K}_{V} \times A^{Card(W \backslash V)}$. De plus, l'homéomorphisme est une permutation des coordonnées de $\mathbb{C}^m$, avec $m = Card(W)$.

Démonstration: Quitte à réindexer V et W, on peut supposer que l'on a $V = \{1, \ldots, n\}$ et que $W = \{1, \ldots, m\}$, avec $m = Card(W) \geq n = Card(V)$. En effet, cette réindexation correspond à une permutation des coordonnées de $\mathbb{C}^m$ qui est évidemment un homéomorphisme. Ainsi, m est un sommet fantôme de K. Par conséquent, pour toute face σ de K, $m \notin \sigma$. Donc, si $z \in (X, A)^{\sigma}_{W}$, on a $z_m \in A$. Donc $(X, A)^{K}_{W} = (X, A)^{K}_{\widetilde{W}} \times A$, avec $\widetilde{W} = W \backslash \{m\}$. En procédant par récurrence sur le nombre d'éléments de $W \backslash V$, on a le résultat désiré. $\square$

Exemple 20:

1. Si $(X, A) = (\mathbb{D}, S^1)$, alors on retrouve le théorème de stabilité par produit de tores.

2. Si $\mathcal{E}$ est un ensemble fondamental avec k éléments indispensables, alors on peut factoriser l'ouvert $\mathcal{S}$ en $\mathcal{S} \simeq \tilde{\mathcal{S}} \times (\mathbb{C}^*)^k$, avec $\tilde{\mathcal{S}}$ un ouvert associé à un bon système $\tilde{\mathcal{E}}$ congruent à $\mathcal{E}$ et sans élément indispensable.

Proposition IV.7 ([BP], Theorem 8.9): $(\mathbb{D}, S^1)_V^K$ est un retract par déformation de $(\mathbb{C}, \mathbb{C}^*)_V^K$.

Corollaire IV.7.1: $\widehat{M_1^I}$ est un retract par déformation de $\mathcal{S}$. Par conséquent, ils ont la même homologie.

On peut résumer la situation grâce au diagramme suivant :

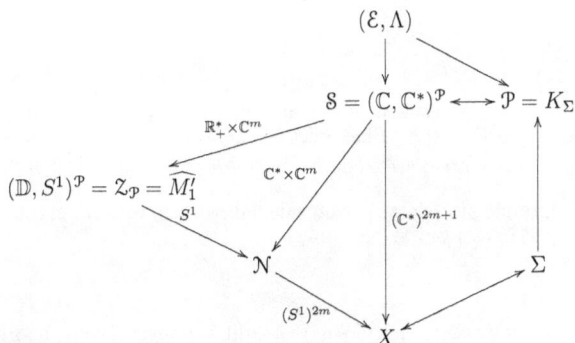

3 (Co)Homologie des complexes moment-angle

Dans cette section, nous rappelons quelques résultats sur l'homologie et la cohomologie singulières des complexes moment-angles. La plupart des résultats proviennent de [BP] et de [Bas]. Dans la suite, R désigne l'anneau des entiers $\mathbb{Z}$ ou le corps des réels $\mathbb{R}$. De plus, si X est un espace topologique, $H_p(X, R)$ (resp. $H^p(X, R)$) est le p-ème groupe d'homologie de X (resp. le p-ème anneau de cohomologie de X) à coefficients dans R. Les notations $\widetilde{H}_p(X, R)$ et $\widetilde{H}^p(X, R)$ sont utilisées pour désigner l'homologie et la cohomologie réduite. Pour commencer, rappelons la définition suivante :

Définition: Soit K un complexe simplicial sur un ensemble fini V et τ une partie de V (pas nécessairement un simplexe). Le *sous-complexe maximal* engendré par K et τ est le complexe simplicial

$$K_\tau = \{ \sigma \in K / \sigma \subset \tau \}$$

On peut alors calculer l'homologie[3] de $\widetilde{\mathcal{Z}}_K$ en fonction de la combinatoire de K :

Proposition IV.8 ([Pa], proposition 5.4)**:** Pour tout $i > 0$, on a :

$$H_0(\widetilde{\mathcal{Z}}_K) \simeq R$$

et

$$H_i(\widetilde{\mathcal{Z}}_K) = \bigoplus_{\tau \notin K} \widetilde{H}_{i-|\tau|-1}(K_\tau)$$

Remarque IV.3: La formule ci-dessus permet de calculer $H_i(\widetilde{\mathcal{Z}}_K)$ pour de petites valeurs de i

1. $i = 1 : H_1(\widetilde{\mathcal{Z}}_K) = 0$
2. $i = 2 : H_2(\widetilde{\mathcal{Z}}_K) = 0$
3. $i = 3 : H_3(\widetilde{\mathcal{Z}}_K) = 0$ si et seulement si pour toute paire $\{i, j\}$ de sommets de K, $\{i, j\}$ est une arête de K. Plus précisément, si on note f_0 le nombre de sommets et f_1 le nombre d'arêtes de K, on a $dim(H_3(\widetilde{\mathcal{Z}}_K)) = \binom{2}{f_0} - f_1$.

Ceci découle de la formule précédente par un calcul direct. On peut aussi consulter [BP], Lemma 7.14, pour un résultat plus précis.

Plus généralement, on a :

Définition: Un complexe simplicial K sur V est dit *k-complet* (*k*-neighborly en anglais) si toute partie de V ayant $(k + 1)$ éléments est une face de K.

Proposition IV.9 ([BP], Theorem 6.18)**:** Pour tout complexe simplicial K, $\widetilde{\mathcal{Z}}_K$ est simplement connexe.

Proposition IV.10: K est $(k-1)$-complet si et seulement si $\widetilde{H}_p(\widetilde{\mathcal{Z}}_K) = 0 \, \forall p \le 2k$.

Démonstration: Dire que K est $(k - 1)$-complet signifie que toute partie τ de $\{1, \ldots, n\}$ ayant au plus k éléments est une face de K. Donc, si τ n'est pas élément de K, alors $|\tau| > k$. Or, d'après la proposition IV.8, on a

$$\widetilde{H}_p(\widetilde{\mathcal{Z}}_K) = \bigoplus_{\tau \notin K} \widetilde{H}_{p-|\tau|-1}(K_\tau)$$

---

3. avec coefficients dans R

Soit τ une partie de V qui n'est pas une face de K. Alors, puisque K n'a pas de sommet fantôme, K_τ n'est pas réduit à $\{\emptyset\}$. Par conséquent, $\widetilde{H}_{p-|\tau|-1}(K_\tau) \neq \{0\}$ implique que $p - |\tau| - 1 \geq 0$, donc pour $p \leq k+1$, on a $\widetilde{H}_p(\widetilde{Z}_K) = \{0\}$.
Ensuite, si τ n'est pas élément de K, alors K_τ contient $\{J \subset \tau / |J| \leq k\}$, donc les nombres de Betti $b_0, b_1, \ldots, b_{k-2}$ pour $\widetilde{H}_*(K_\tau)$ sont nuls. Par conséquent, on doit avoir $p - |\tau| - 1 \geq k - 1$ pour que $\widetilde{H}_{p-|\tau|-1}(K_\tau)$ soit non nul, soit $|\tau| \leq k$, ce qui est impossible pour $\tau \notin K$.
De plus, si K est $(k-1)$-complet mais pas k-complet, il existe une face manquante τ telle que $|\tau| = k+1$. Alors K_τ est une sphère de dimension $|\tau| - 2 = k - 1$ (à savoir la frontière du simplexe construit sur les sommets de τ) et $\widetilde{H}_{2k+1}(\widetilde{Z}_K)$ contient $\widetilde{H}_{k-1}(K_\tau) = R$. $\square$

Corollaire IV.10.1: K est $(k-1)$-complet si et seulement si $\widetilde{Z}_K$ est $2k$-connexe.

Ensuite, on peut utiliser la formule de Künneth (cf. [Hat] par exemple) dans le but de calculer l'homologie de $Z_{K,n}$ dans le cas où il y a des sommets fantômes : on suppose que l'ensemble des sommets de K est $\{1, \ldots, v\}$. Alors, $Z_{K,v+1} = \widetilde{Z}_K \times S^1$ (cf. la proposition IV.1). Puisque l'homologie de S^1 n'a pas de torsion, alors $H_q(Z_{K,v+1})$ est isomorphe à la somme directe $\bigoplus_{i=0}^{q} H_i(\widetilde{Z}_K) \otimes H_{q-i}(S^1)$. Prenant en compte l'homologie du cercle, on obtient que :

$$H_0(Z_{K,v+1}) = H_0(\widetilde{Z}_K) = R$$

et

$$H_j(Z_{K,v+1}) = H_j(\widetilde{Z}_K) \bigoplus H_{j-1}(\widetilde{Z}_K), \; j > 0.$$

Pour calculer l'homologie de $Z_{K,v+k}$, avec $k > 1$, il suffit de répéter l'opération. En particulier, on a :

Proposition IV.11: Avec les mêmes notations, $H_1(Z_{K,v+k}) \simeq R^k$.

Un corollaire immédiat et important pour la suite est le résultat suivant :

Corollaire IV.11.1: Si deux complexes moment-angle sont homéomorphes, alors ils ont le même nombre de sommets fantômes.

Dans le cas où $\widetilde{Z}_K$ est une variété (si K est une sphère simpliciale par exemple), on peut aussi calculer sa cohomologie grâce à la formule suivante (conséquence directe de la dualité de Poincaré) :

Proposition IV.12: Pour tout $i \in \{0, \dots, n + d - 1\}$, on a

$$H^i(\widetilde{\mathcal{Z}}_K) = \bigoplus_{\tau \notin K} \widetilde{H}_{n+d-i-|\tau|-1}(K_\tau)$$

ainsi que

$$H^{n+d}(\widetilde{\mathcal{Z}}_K) \simeq R$$

Finalement, dans [Bas], Theorem 1, le produit en cohomologie est décrit comme ceci :

Proposition IV.13: Soit K un complexe simplicial sur l'ensemble fini V. Alors on a un isomorphisme

$$H^{-j,2i}(\widetilde{\mathcal{Z}}_K) = \bigoplus_{|\gamma|=i, \gamma \subset V} H^{i-j-1}(K_\gamma)$$

De plus, si $\alpha \in \widetilde{H}^i(K_{\gamma_1}), \beta \in \widetilde{H}^j(K_{\gamma_2})$, on a

$$\alpha \smile \beta = \begin{cases} 0, & \gamma_1 \cap \gamma_2 \neq \emptyset \\ i^* \lambda^*(\alpha \otimes \beta), & \gamma_1 \cap \gamma_2 = \emptyset \end{cases}$$

où $\widetilde{C}^*(K_\gamma)$ désigne le complexe différentiel des cochaînes pour la cohomologie réduite de K_γ et $\lambda : \widetilde{C}^*(K_{\gamma_1}) \otimes \widetilde{C}^*(K_{\gamma_2}) \to \widetilde{C}^{*+1}(K_{\gamma_1} * K_{\gamma_2})$ est un isomorphisme et $i : K_{\gamma_1 \cup \gamma_2} \to K_{\gamma_1} * K_{\gamma_2}$ est l'inclusion.

Remarque IV.4: On a bien sûr $H^{-j,2i}(\widetilde{Z_K}) \hookrightarrow H^{2i-j}(\widetilde{Z_K})$. On a aussi $H^p(K_\gamma) \hookrightarrow H^{|\gamma|+p+1}(\widetilde{Z_K})$ pour tout p et tout γ.

Chapitre V

Une variété LVMB qui n'est homéomorphe à aucune variété LVM ?

Dans ce chapitre, nous allons tenter de montrer que la topologie de la variété LVMB obtenue à partir de la sphère de Brückner est différente de la topologie des variétés LVM.

On sait que toute variété LVMB admet une action naturelle d'un tore dont le quotient est une sphère simpliciale rationnellement étoilée (cf. chapitre III). Inversement, toute telle sphère peut être obtenue comme complexe associé à une variété LVMB. De plus, dans le cas des variétés LVM, ce quotient est un polytope simple dont les propriétés combinatoires caractérisent la topologie de la variété LVM (cf. [BM]). L'idée est d'utiliser le fait précédent : partir d'une sphère simpliciale rationnellement étoilée et non polytopale et expliciter la variété LVMB ayant cette sphère pour complexe associé. Dans un premier temps, nous allons calculer explicitement le bon système qui donne naissance à la variété associée à la sphère de Brückner. Ensuite, nous allons comparer la topologie de la variété LVMB associée à celle de toutes les variétés LVM de même dimension. En particulier, nous calculerons les groupes d'homologie et de cohomologie de ces variétés. Nous décrirons aussi les produits de cohomologie de certaines de ces variétés. Cependant, cette étude ne permet pas de démontrer que la variété LVMB associée à la sphère de Brückner a une topologie différente de la topologie des variétés LVM. En effet, étudier ces produits en cohomologie revient dans le cas présent à étudier des formes bilinéaires symétriques entières non dégénérées et la classification effectuée par Serre (cf. [Se]), puis par Husemoller et Milnor (cf. [MH]), montre qu'il existe peu de telles formes en basse dimension. Dans notre cas, les formes bilinéaires symétriques entières non dégénérées obtenues sont toutes équivalentes.

1 Calcul d'un bon système associé à la sphère de Brückner

D'après les calculs du chapitre II, les sommets d'une réalisation rationnellement étoilée de la sphère de Brückner sont donnés par les vecteurs de la matrice

$$A = \begin{pmatrix} 815 & 715 & 715 & 715 & -915 & 65 & 715 & 15 \\ 97 & 197 & 197 & -453 & -788 & 197 & 197 & -703 \\ -359 & -509 & 141 & 141 & 86 & 141 & 141 & -759 \\ -575 & -175 & -175 & -175 & 700 & -175 & -825 & 625 \end{pmatrix}$$

Rappelons aussi que la sphère de Brückner est le complexe simplicial dont les facettes sont :

$$(1,2,3,4), \quad (1,4,7,8), \quad (1,5,7,8), \quad (4,5,7,8), \quad (1,5,6,8), \quad (1,2,4,8), \quad (2,4,5,8)$$
$$(3,5,6,8), \quad (1,2,6,8), \quad (3,4,6,7), \quad (3,4,5,6), \quad (4,5,6,7), \quad (2,3,5,8), \quad (2,3,6,8)$$
$$(1,2,6,7), \quad (1,3,4,7), \quad (1,5,6,7), \quad (2,3,4,5), \quad (2,3,6,7), \quad (1,2,3,7)$$

Par conséquent, on a

$$\mathcal{E}_0 = \left\{ \begin{array}{l} \{0,1,3,6,7,9,10,11,12\}, \{0,1,2,4,7,9,10,11,12\}, \{0,3,4,5,7,9,10,11,12\} \\ \{0,1,2,5,8,9,10,11,12\}, \{0,1,2,7,8,9,10,11,12\}, \{0,1,2,3,8,9,10,11,12\} \\ \{0,1,4,6,7,9,10,11,12\}, \{0,1,4,5,7,9,10,11,12\}, \{0,3,4,5,8,9,10,11,12\} \\ \{0,2,5,6,8,9,10,11,12\}, \{0,2,3,4,8,9,10,11,12\}, \{0,1,6,7,8,9,10,11,12\} \\ \{0,1,4,5,8,9,10,11,12\}, \{0,4,5,6,8,9,10,11,12\}, \{0,5,6,7,8,9,10,11,12\} \\ \{0,2,3,5,6,9,10,11,12\}, \{0,2,3,4,6,9,10,11,12\}, \{0,1,2,3,6,9,10,11,12\} \\ \{0,2,3,4,7,9,10,11,12\}, \{0,3,5,6,7,9,10,11,12\} \end{array} \right\}$$

et

$$\Lambda = \begin{pmatrix} 0 & 1 & 0 & 0 & 0 & 0 & 0 & 0 & 0 & 815 & 97 & -359 & -575 \\ 0 & 0 & 1 & 0 & 0 & 0 & 0 & 0 & 0 & 715 & 197 & -509 & -175 \\ 0 & 0 & 0 & 1 & 0 & 0 & 0 & 0 & 0 & 715 & 197 & 141 & -175 \\ 0 & 0 & 0 & 0 & 1 & 0 & 0 & 0 & 0 & 715 & -453 & 141 & -175 \\ 0 & 0 & 0 & 0 & 0 & 1 & 0 & 0 & 0 & -915 & -788 & 86 & 700 \\ 0 & 0 & 0 & 0 & 0 & 0 & 1 & 0 & 0 & 65 & 197 & 141 & -175 \\ 0 & 0 & 0 & 0 & 0 & 0 & 0 & 1 & 0 & 715 & 197 & 141 & -825 \\ 0 & 0 & 0 & 0 & 0 & 0 & 0 & 0 & 1 & 15 & -703 & -759 & 625 \end{pmatrix}$$

et alors on a :

Théorème V.1: $(\mathcal{E}_0, \Lambda)$ est un bon système de type $(9, 13, 5)$ dont le complexe associé est la sphère de Brückner.

Soit $(\mathcal{E}, l)$ un bon système de type $(2m+1, n, k)$ et $\mathcal{P}$ le complexe simplicial associé. On sait que $\mathcal{P}$ est une $(n - 2m - 2)$-sphère simpliciale rationnellement étoilée à $(n-k)$ sommets et que les complexes moment-angle associés $\widetilde{\mathcal{Z}}_{\mathcal{P}}$ et $\mathcal{Z}_{\mathcal{P},n}$ sont respectivement de dimension $(2n-2m-k-1)$ et $(2n-2m-1)$ (cf. la remarque IV.1). Pour le bon système précédent associé à la sphère de Brückner $\mathcal{M}$, on a $dim(\mathcal{Z}_{\mathcal{M},13}) = 17$. Nous allons comparer $\mathcal{Z}_{\mathcal{M},17}$ à tous les complexes moment-angle de dimension 17 associés à des sphères simpliciales. Pour commencer, nous allons déterminer la liste de ces sphères *admissibles*. Ensuite, nous comparerons les topologies des complexes moment-angle obtenus, notamment au niveau de l'homologie.

Pour la sphère de Brückner, l'homologie de $\widetilde{\mathcal{Z}}_{\mathcal{M},13}$ n'a pas de torsion et ses nombres de Betti sont :

	b_0	b_1	b_2	b_3	b_4	b_5	b_6	b_7	b_8	b_9	b_{10}	b_{11}	b_{12}
Bruckner	1	0	0	0	0	16	30	16	0	0	0	0	1

2 Liste des sphères simpliciales admissibles

Soit K un complexe simplicial de dimension $\widetilde{d}$ à v sommets. On cherche $\widetilde{d}, v, k$ tels que $\mathcal{Z}_{K,v+k}$ soit homéomorphe à $\mathcal{Z}_{\mathcal{M},13}$. Tout d'abord, $\mathcal{Z}_{K,v+k}$ doit être de dimension 17, i.e. $v + k + \widetilde{d} + 1 = 17$. De plus, d'après la proposition IV.11, on doit avoir $k = 5$ soit $v + \widetilde{d} = 11$. Par conséquent, les couples $(\widetilde{d}, v)$ possibles sont :

$$(\widetilde{d}, v) \in \{(1, 10), (2, 9), (3, 8), (4, 7), (5, 6)\}$$

Le cas $(5, 6)$ correspond au simplexe plein. Ce complexe n'est pas une sphère, donc ce cas est à éliminer. Le cas $(1, 10)$ correspond au bord du décagone, qui est donc un cas polytopal. Les cas $(2, 9)$ et $(4, 7)$ sont aussi polytopaux, d'après [G] et [Man]. Ce sont respectivement les frontières des polyèdres (polytope de dimension 3) simpliciaux à 9 sommets et les 4-sphères à 7 sommets. Enfin, le cas $(3, 8)$ correspond aux 39 sphères de dimension 3 à 8 sommets, i.e. les les frontières des 37 polytopes de $\mathbb{R}^4$ à 8 sommets ainsi que les sphères de Brückner et Barnette (cf.[GS]).

3   Cas du décagone

Si D désigne le décagone, alors la formule de la proposition IV.8 donne les nombres de Betti suivants pour l'homologie de $\widetilde{Z}_D$ (pas de torsion) :

	b_0	b_1	b_2	b_3	b_4	b_5	b_6	b_7	b_8	b_9	b_{10}	b_{11}	b_{12}
D	1	0	0	35	160	350	448	350	160	35	0	0	1

Cela ne correspond donc pas à l'homologie réduite de $\widetilde{Z}_\mathrm{M}$, qui n'est par conséquent pas homéomorphe à $\widetilde{Z}_D$.

4   Cas des polyèdres simpliciaux à 9 sommets

D'après [G], §10.3 (voir aussi [BP], exemple 1.26), si K est un polyèdre simplicial à v sommets, alors son f-vecteur est

$$f = (f_{-1}, f_0, f_1, f_2) = (1, v, 3v - 6, 2v - 4)$$

Par conséquent, pour $v = 9$, on a $f = (1, 9, 21, 14)$. Or, d'après la remarque IV.3, le troisième nombre de Betti de $\widetilde{Z}_K$ est $\binom{2}{f_0} - f_1 = \frac{v^2 - 3v - 6}{2} = 30$, ce qui ne coïncide pas avec le troisième nombre de Betti de $\widetilde{Z}_\mathrm{M}$.

5   Cas des 4-sphères à 7 sommets

D'après un théorème de Mani, une q-sphère avec au plus $q + 4$ sommets est polytopale ([Man]). Il s'agit donc d'énumérer les 5-polytopes dans $\mathbb{R}^5$ à 7 sommets. Utilisant [G], chapitre 6, il y a exactement deux 5-polytopes simpliciaux à 7 sommets (seuls les facettes sont données) :

$$T_1 = \left\{ \begin{array}{ccccc} (12346), & (12356), & (12456), & (13456), & (23456) \\ (12347), & (12357), & (12457), & (13457), & (23457) \end{array} \right\}$$

et

$$T_2 = \left\{ \begin{array}{cccc} (12356), & (12456), & (13456), & (23456) \\ (12357), & (12457), & (13457), & (23457) \\ (12367), & (12467), & (13467), & (23467) \end{array} \right\}$$

L'homologie des complexes moment-angle associées $\widetilde{Z}_{T_j}, j = 1, 2$, est alors :

	b_0	b_1	b_2	b_3	b_4	b_5	b_6	b_7	b_8	b_9	b_{10}	b_{11}	b_{12}
$T1$	1	0	0	1	0	0	0	0	0	1	0	0	1
$T2$	1	0	0	0	0	1	0	1	0	0	0	0	1

L'homologie des deux complexes est distincte de celle du complexe $\widetilde{\mathcal{Z}}_{\mathcal{M}}$, et par conséquent, ces variétés ne sont pas homéomorphes.

Je remercie Taras Panov pour la remarque suivante :

Remarque V.1: On peut vérifier que T_1 est le joint des bords d'un 4-simplexe et d'un 1-simplexe. Par conséquent, $\widetilde{\mathcal{Z}}_{T_1}$ est homéomorphe à $S^9 \times S^3$ (le théorème VI.2 du chapitre VI). De même, T_2 est le joint des bords d'un 3-simplexe et d'un 2-simplexe. Par conséquent, $\widetilde{\mathcal{Z}}_{T_2}$ est homéomorphe à $S^7 \times S^5$ (toujours d'après le théorème VI.2 du chapitre VI).

6   Cas des 3-sphères à 8 sommets

6.1   Calculs d'homologie

En utilisant la formule de la proposition IV.8, on peut calculer l'homologie de $\widetilde{\mathcal{Z}}_K$, pour tous les 3-sphères simpliciales K à 8 sommets. On constate que l'homologie n'a pas de torsion (pour l'homologie à coefficients entiers). Les nombres de Betti pour les complexes $\widetilde{\mathcal{Z}}_K$ associés à la sphère de Barnette, celle de Brückner, et aux 4-polytopes à 8 sommets sont donnés dans la table suivante :

	b_0	b_1	b_2	b_3	b_4	b_5	b_6	b_7	b_8	b_9	b_{10}	b_{11}	b_{12}
Barnette	1	0	0	1	0	12	24	12	0	1	0	0	1
Bruckner	1	0	0	0	0	16	30	16	0	0	0	0	1
P_1^8, P_2^8, P_3^8	1	0	0	6	8	3	0	3	8	6	0	0	1
P_4^8, P_5^8, P_6^8	1	0	0	5	6	4	4	4	6	5	0	0	1
P_7^8	1	0	0	5	5	2	2	2	5	5	0	0	1
$P_8^8, P_9^8, P_{10}^8, P_{14}^8, P_{15}^8$	1	0	0	4	4	5	8	5	4	4	0	0	1
P_{11}^8, P_{12}^8	1	0	0	3	3	8	14	8	3	3	0	0	1
P_{13}^8	1	0	0	5	5	1	0	1	5	5	0	0	1
P_{16}^8	1	0	0	4	3	3	6	3	3	4	0	0	1
P_{17}^8	1	0	0	4	2	2	6	2	2	4	0	0	1
$P_{18}^8, P_{19}^8, P_{20}^8, P_{21}^8$	1	0	0	3	2	6	12	6	2	3	0	0	1
P_{22}^8	1	0	0	3	1	5	12	5	1	3	0	0	1
$P_{23}^8, P_{24}^8, P_{25}^8$	1	0	0	2	1	9	18	9	1	2	0	0	1
P_{26}^8	1	0	0	3	0	4	12	4	0	3	0	0	1
$P_{27}^8, P_{28}^8, P_{29}^8$	1	0	0	2	0	8	18	8	0	2	0	0	1
$P_{30}^8, P_{31}^8, P_{32}^8, P_{33}^8$	1	0	0	1	0	12	24	12	0	1	0	0	1
P_{34}^8	1	0	0	4	0	0	6	0	0	4	0	0	1
$P_{35}^8, P_{36}^8, P_{37}^8$	1	0	0	0	0	16	30	16	0	0	0	0	1

On constate alors que le complexe moment-angle associé à la sphère de Brückner a la même homologie que les complexes moment-angle associés à trois des 3-sphères polytopales (P_{35}^8, P_{36}^8, et P_{37}^8 selon [GS]).

6.2 Produits en cohomologie

Dans cette sous-section, nous allons comparer les produits en cohomologie de $\tilde{\mathcal{Z}}_{\mathcal{M}}$ et ceux de $\tilde{Z}_P$, où $P \in \{ P_{35}^8, P_{36}^8, P_{37}^8 \}$. Pour simplifier les notations de cette sous-section, K désignera l'un de ces quatre complexes. En utilisant la formule de la proposition IV.12 (ou la proposition IV.13), on note que les groupes de cohomologie ont pour nombres de Betti :

	b^0	b^1	b^2	b^3	b^4	b^5	b^6	b^7	b^8	b^9	b^{10}	b^{11}	b^{12}
K	1	0	0	0	0	16	30	16	0	0	0	0	1

Par conséquent, les seuls produits potentiellement non nuls sont ceux de

$$H^0(\widetilde{Z}_K) \times H^j(\widetilde{Z}_K) \to H^j(\widetilde{Z}_K), \ j \in \{0,5,6,7,12\},$$
$$H^j(\widetilde{Z}_K) \times H^0(\widetilde{Z}_K) \to H^j(\widetilde{Z}_K), \ j \in \{0,5,6,7,12\},$$
$$H^5(\widetilde{Z}_K) \times H^7(\widetilde{Z}_K) \to H^{12}(\widetilde{Z}_K),$$
$$H^7(\widetilde{Z}_K) \times H^5(\widetilde{Z}_K) \to H^{12}(\widetilde{Z}_K)$$
$$H^6(\widetilde{Z}_K) \times H^6(\widetilde{Z}_K) \to H^{12}(\widetilde{Z}_K)$$

De plus, $H^0(\widetilde{Z}_K)$ est engendré par $[\emptyset] \in \widetilde{H}^0(K_\emptyset)$ et $H^{12}(\widetilde{Z}_K)$ by $[\partial K] \in \widetilde{H}^3(K)$. Donc, puisque

$$K_{\gamma \cup \emptyset} = K_\gamma * \emptyset = K_\gamma \quad \forall\ \gamma,$$

la proposition IV.13 implique que les produits

$$H^0(\widetilde{Z}_K) \times H^j(\widetilde{Z}_K) \ \to \ H^j(\widetilde{Z}_K)$$
$$\text{et}$$
$$H^j(\widetilde{Z}_K) \times H^0(\widetilde{Z}_K) \ \to \ H^j(\widetilde{Z}_K), \ \ j \in \{0,5,6,7,12\}$$

sont définis respectivement par $[\emptyset] \smile [c] = [c]$ et $[c] \smile [\emptyset] = [c]$, pour tout $[c] \in H^j(\widetilde{Z}_K)$.

Ensuite, $H^7(\widetilde{Z}_K)$ est engendré par les générateurs de $\widetilde{H}^1(K_\tau)$, où $|\tau| = 5$. Il y a exactement seize τ telles que $|\tau| = 5$ et $\widetilde{H}^1(K_\tau)$ n'est pas trivial (dans ce cas, on a $\widetilde{H}^1(K_\tau) \simeq R$).
De même, $H^5(\widetilde{Z}_K)$ est engendré par les générateurs de $\widetilde{H}^1(K_\tau)$, où $|\tau| = 3$. Il y a exactement seize τ telles que $|\tau| = 3$ et $\widetilde{H}^1(K_\tau)$ n'est pas trivial (dans ce cas, on a $\widetilde{H}^1(K_\tau) \simeq R$). Par conséquent, si $[c]$ est un générateur de $\widetilde{H}^1(K_\tau) \subset H^7(\widetilde{Z}_K)$, $|\tau| = 5$ et $[\tilde{c}]$ est un générateur de $\widetilde{H}^1(K_{\tilde{\tau}}) \subset H^5(\widetilde{Z}_K)$, $|\tilde{\tau}| = 3$, alors le produit est non nul si et seulement si $\tilde{\tau}$ est le complémentaire de τ dans $\{1, \cdots, 8\}$. Dans ce cas, le produit est $[\partial K]$. On peut aussi remarquer que si τ est tel que $|\tau| = 3$ et $\widetilde{H}^1(K_\tau)$ n'est pas trivial, alors $|\tau^c| = 5$ et $\widetilde{H}^1(K_{\tau^c})$ n'est pas trivial. Finalement, il existe exactement seize produits non nuls dans $H^5(\widetilde{Z}_K) \times H^7(\widetilde{Z}_K)$.

Il ne reste plus qu'à étudier les produits de $H^6(\widetilde{Z}_K) \times H^6(\widetilde{Z}_K) \to H^{12}(\widetilde{Z}_K)$. Les générateurs de $H^6(\widetilde{Z}_K)$ sont les générateurs de $\widetilde{H}^1(K_\tau)$ avec $|\tau| = 4$. Là encore, si $[c]$ est un générateur de $\widetilde{H}^1(K_\tau) \subset H^6(\widetilde{Z}_K)$, avec $|\tau| = 4$, et $[\tilde{c}]$ est un générateur de $\widetilde{H}^1(K_{\tilde{\tau}}) \subset H^6(\widetilde{Z}_K)$, avec $|\tilde{\tau}| = 4$, alors le produit est éventuellement non nul seulement si $\tilde{\tau}$ est le complémentaire de τ dans $\{1, \cdots, 8\}$.
Soit τ un élément de $I_4 = \left\{ \tau \ / |\tau| = 4, \ \widetilde{H}_1(K_\tau) \neq \{0\} \right\}$. On peut remarquer qu'alors on a $\tau^c \in I_4$. Plus précisément, $\widetilde{H}^1(K_{\tau^c})$ est isomorphe à $\widetilde{H}^1(K_\tau)$.

On note J_n la matrice symbolique d'ordre n qui n'a que des $*$ pour éléments, $*$ représentant un élément quelconque de $H^{12}(\widetilde{\mathcal{Z}}_K)$ (éventuellement nul) et

$$M_n = \begin{pmatrix} O & J_n \\ J_n & O \end{pmatrix}$$

Alors :
- Pour $K = \mathcal{M}$, on a $|I_4| = 30$ et pour $\tau \in I_4$, on a $\widetilde{H}_1(K_\tau) \simeq R$. Par conséquent, la table de multiplication de $H^6(\widetilde{\mathcal{Z}}_{\mathcal{M}})$ peut être mise sous la forme d'une matrice diagonale par blocs ayant 15 matrices de type M_1 comme éléments diagonaux.
- Pour $K = P^8_{35}$, on a $|I_4| = 24$. De plus, il existe exactement deux éléments $\tau_0 \in I_4$ tel que $\widetilde{H}_1(K_{\tau_0}) \simeq R^3$ et $\widetilde{H}_1(K_{\tau_0^c}) \simeq R^3$, et pour tous les autres éléments $\tau \in I_4$, on a $\widetilde{H}_1(K_\tau) \simeq R$. Par conséquent, la table de multiplication de $H^6(\widetilde{\mathcal{Z}}_{\mathcal{M}})$ peut être mise sous la forme d'une matrice diagonale par blocs ayant 1 matrice de type M_3 et 12 matrices de type M_1 comme éléments diagonaux.
- Pour $K = P^8_{36}$ ou $K = P^8_{37}$, on a $|I_4| = 26$. Pour exactement quatre éléments $\tau_1, \tau_2, \tau_3, \tau_4 \in I_4$, on a $\widetilde{H}_1(K_{\tau_j}) \simeq R^2$ et $\widetilde{H}_1(K_{\tau_j^c}) \simeq R^2$, $j = 1, 2, 3, 4$, et pour tous les autres éléments $\tau \in I_4$, on a $\widetilde{H}_1(K_\tau) \simeq R$. Par conséquent, la table de multiplication de $H^6(\widetilde{\mathcal{Z}}_{\mathcal{M}})$ peut être mise sous la forme d'une matrice diagonale par blocs ayant 2 matrices de type M_2 et 11 matrices de type M_1 comme éléments diagonaux.

Cependant, on peut montrer que ces trois produits sont équivalents. Supposons d'abord que $R = \mathbb{Z}$. Dans ce cas, les produits $H^6(\widetilde{\mathcal{Z}}_K) \times H^6(\widetilde{\mathcal{Z}}_K) \to H^{12}(\widetilde{\mathcal{Z}}_K)$ correspondent à des formes bilinéaires entières. De plus, comme $\widetilde{\mathcal{Z}}_K$ est de dimension multiple de 4, la formule du théorème 3.14 de [Hat] montre que ce sont des formes bilinéaires symétriques. Enfin, puisque $\widetilde{\mathcal{Z}}_K$ est une variété topologique, la dualité de Poincaré implique que ces formes sont non dégénérées. La classification de telles formes, dans le cas où elles ne sont pas définies, est bien connue (cf. [MH] ou [Se] par exemple)

D'après ce qui précède, la matrice symétrique décrivant ces formes n'a que des zéros sur la diagonale donc ces formes sont de type II (cf. [Se], définition 3.4). Le corollaire 1 de [Se] implique que l'indice de ces formes est congru à 0 modulo 8 et donc que, si ces formes sont définies, alors leur rang est lui aussi congru à 0 modulo 8. Or le rang de ces formes est 30, donc elles ne sont pas définies. Remarquons aussi que ce même corollaire 1 implique que le discriminant de ces formes est (-1).

Rappelons le théorème suivant :

Théorème V.2 ([Se], Théorème 5): Soit (E, β) une forme bilinéaire symétrique entière, non dégénérée, indéfinie, de type II, et d'indice positif. Alors il existe des entiers p et q tels que est (E, β) est isomorphe à la somme directe de p copies du plan hyperbolique U et de q copies de la forme V_8.

De plus, si r est le rang de (E, β) et t son indice, alors on a $q = \frac{t}{8}$ et $p = \frac{r-t}{2}$.

On rappelle aussi que le plan hyperbolique est le plan $\mathbb{Z}^2$ muni de la forme représentée par la matrice

$$\begin{pmatrix} 0 & 1 \\ 1 & 0 \end{pmatrix}$$

et V_8 est le l'espace $\mathbb{Z}^8$ muni de la forme représentée par la matrice [1] (les valeurs non indiquées sont nulles)

$$\begin{pmatrix}
2 & 1 & & & & & & \\
1 & 2 & 1 & & -1 & & & \\
 & 1 & 2 & 1 & & & & \\
 & & 1 & 2 & 1 & & & \\
 & -1 & & 1 & 2 & 1 & & \\
 & & & & 1 & 2 & 1 & \\
 & & & & & 1 & 2 & 1 \\
 & & & & & & 1 & 2
\end{pmatrix}$$

Pour finir, nous allons montrer à l'aide du théorème précédent que les formes définissant les produits de $H^6(\widetilde{\mathcal{Z}}_K) \times H^6(\widetilde{\mathcal{Z}}_K) \to H^{12}(\widetilde{\mathcal{Z}}_K)$ sont équivalentes. En effet, les matrices de type M_1 sont équivalentes à U et donc la forme associée à $K = \mathcal{M}$ est équivalente à 15 sommes directes du plan hyperbolique. Pour $K = P_{35}^8$, la forme est équivalente à la somme de 12 copies du plan hyperboliques et à la forme définie par la matrice M_3. Comme l'indice du plan hyperbolique est nul, l'indice de notre forme est égale à l'indice de M_3. Or cet indice doit être divisible par 8 et est compris entre -6 et 6 (le rang de M_3), donc il est nul. Par conséquent, la forme associée à $\widetilde{\mathcal{Z}}_{P_{35}^8}$ est aussi équivalente à la somme directe de 15 plans hyperboliques. Pour $K = P_{36}^8$ ou $K = P_{37}^8$, la forme associée est équivalente à la somme directe de 11 plans hyperboliques et des 2 formes représentées par les deux matrices de type M_2. Les formes associées aux matrices de type M_2 sont de type II, de rang 4, d'indice nul et indéfinies, donc elles sont équivalentes à la somme directe de 2 plans hyperboliques. Par conséquent, la forme associée à $\widetilde{\mathcal{Z}}_K$, où $K = P_{36}^8$ ou $K = P_{37}^8$, est aussi équivalente à la somme directe de 15 plans hyperboliques. Si $R = \mathbb{R}$, les formes bilinéaires symétriques précédentes ont même signature donc sont équivalentes.

Finalement, la comparaison des produits de cohomologie ne permet pas de dis-

---

1. On peut montrer que cette forme n'est pas la somme directe de plans hyberboliques (cf. [MH])

tinguer la topologie du complexe moment-angle associé à la sphère de Brückner de celles des complexes associés aux polytopes P_{35}^8, P_{36}^8, et P_{37}^8. Cela montre que, même dans les cas les plus simples, il n'est pas aisé de comparer les topologies des complexes moment-angle.

Remarque V.2: Les mêmes calculs peuvent être effectués avec la sphère de Barnette. Ils sont présentés dans l'annexe B.

Chapitre VI

Exemples

Dans ce chapitre, nous détaillons certains exemples de variétés LVMB. La plupart sont déjà connus, mais présentés ici avec une nouvelle démonstration ou en utilisant les outils introduits dans les précédents chapitres.

1 L'espace projectif complexe

Soit $\mathcal{P}$ le bord du simplexe Δ^d de dimension d. Ainsi, $\mathcal{P}$ est l'ensemble des parties propres de $\{1, ..., d+1\}$ et $\mathcal{P}$ a $(d+1)$ sommets et est de dimension $(d-1)$. $\mathcal{P}$ est polytopal et un bon système associé est $(\mathcal{E}, \Lambda)$ avec $\mathcal{E} = \{\{1\}, \ldots, \{d+1\}\}$ et $\Lambda = (0, \ldots, 0) \subset (\mathbb{C}^0)^{d+1}$. Par conséquent, on a $\mathcal{S} = \mathbb{C}^{d+1} \backslash \{0\}$, $\tilde{\mathcal{Z}}_{\mathcal{P}} = S^{2d+1}$ et $\mathcal{N} = X = \mathbb{P}^d$.

Les générateurs de l'éventail $\Sigma(\mathcal{S})$ associé à $\mathcal{S}$ sont $(e_1, \ldots, e_{d+1})$, base canonique de $\mathbb{R}^{d+1}$, ceux de l'éventail $\Sigma(X)$ de X sont $e_1, \ldots, e_d$, base canonique de $\mathbb{R}^d$ et $e_0 = -(e_1 + \cdots + e_d)$.

Proposition VI.1: Soit $(\mathcal{E}, \Lambda)$ un bon système de type $(2m+1, n, k)$ et de complexe associé $\mathcal{P}$. Alors $k \leq 2m+1$ et on a égalité si et seulement si $\mathcal{P} = \{\emptyset\}$.
De plus, si $\mathcal{P} \neq \{\emptyset\}$, alors $k \leq 2m$ et on a égalité si et seulement si $\mathcal{P}$ est le bord d'un simplexe.

Démonstration: On a clairement $k \leq 2m+1$ puisqu'un élément indispensable est dans l'intersection de toutes les parties fondamentales, qui ont $(2m+1)$ éléments. Si $k = 2m+1$, alors $\mathcal{P}$ a $(n-2m-1)$ sommets et est de dimension $(n-2m-2)$. Donc un simplexe maximal a $(n-2m-1)$ éléments. Si $\mathcal{P} \neq \{\emptyset\}$, alors $\mathcal{P}$ est un simplexe plein. Or $(\mathcal{E}, \Lambda)$ est un bon système, donc $\mathcal{P}$ est une sphère simpliciale (cf. le théorème III.3), d'où la contradiction.

De plus, si $\mathcal{P}$ est le bord du simplexe de dimension $d + 1$, $d \geq 0$, alors on a $n = d + 2 + k$ et $m = \frac{n-d-2}{2} = \frac{k}{2}$. Et donc $k = 2m$. Inversement, si $k = 2m$ et d désigne la dimension de $\mathcal{P}$, alors $\mathcal{P}$ a $v = d + 2$ sommets, donc chaque facette de $\mathcal{P}$ est de la forme $\widehat{j} = V \backslash \{j\}$, où V est l'ensemble des sommets de $\mathcal{P}$ et $j \in V$. Par le *PEUR*, pour tout $j \in V$, $\widehat{j}$ est une facette de $\mathcal{P}$. Donc $\mathcal{P}$ est bien le bord du simplexe de sommets V. $\square$

2   Le tore

Commençons par la remarque élémentaire suivante :

Remarque VI.1: Soit $\mathcal{E}$ un ensemble fondamental sur $\{1, \ldots, M\}$ de type (M, M), $M \in \mathbb{N}$. Alors $\mathcal{E} = \{\ (1, \ldots, M)\ \}$, a M éléments indispensables et $\mathcal{P} = \{\emptyset\}$.

Supposons de plus que $M = 2m + 1$ soit impair. Puisque $\mathcal{P}$ n'a que des sommets fantômes, on a $\mathcal{S} = (\mathbb{C}^*)^{2m+1}$ et $\widetilde{\mathcal{Z}}_{\mathcal{P}} = (S^1)^{2m+1}$ (voir la proposition IV.6). On en déduit que $\mathcal{N}$ est le tore $(S^1)^{2m}$ (cf. la proposition IV.3).

Remarque VI.2: Dans [Me], on montre de plus que toute structure complexe sur un tore de dimension complexe quelconque peut être obtenue comme variété LVMB.

Exemple 21: Soit $V = \{1, 2, 3\}$ et l'ensemble fondamental $\mathcal{E} = \{\ (123)\ \}$ sur V. On se donne de plus un nombre complexe non réel ω et on pose $l_1 = 0$, $l_2 = 1$ et $l_3 = \omega$. Alors $(\mathcal{E}, l)$ est un bon système et la variété LVMB associée est le tore $(S^1)^2$ munie de la structure complexe définie par le réseau $\mathbb{Z} \oplus \mathbb{Z}\omega$ (cf. [LdMV]).

Ce qui précède montre de manière très simple le premier point du théorème suivant :

Théorème VI.1 ([Bos]): Soit $(\mathcal{E}, l)$ un bon système sur $\{1, \ldots, n\}$ de type $(2m + 1, n, k)$. Alors :

1. Si $n = 2m + 1$, alors $\mathcal{N}$ est un tore complexe.

2. Si $n > 2m + 1$, alors $\mathcal{N}$ n'est pas symplectique (et donc non kählérien).

3   Joint d'ensembles fondamentaux et de bons systèmes

Là encore, nous commencerons cette section par une remarque simple :

Proposition VI.2: Si $\mathcal{P}_1$ et $\mathcal{P}_2$ sont des sphères simpliciales de dimension d_1 et d_2 respectivement, alors le joint $\mathcal{P}_1 * \mathcal{P}_2$ est une sphère simpliciale de dimension $d_1 + d_2 + 1$.

Rappelons la définition du *joint* de deux complexes simpliciaux :

Définition: Soit K_1 et K_2 deux complexes simpliciaux sur des ensembles disjoints V_1 et V_2. Le joint de K_1 et K_2 est le complexe simplicial

$$K_1 * K_2 = \{ \ \sigma_1 \sqcup \sigma_2 \ / \ \sigma_1 \in K_1, \ \sigma_2 \in K_2 \ \}$$

Ainsi, étant donnés deux bons systèmes $(\mathcal{E}_1, \Lambda_1)$ et $(\mathcal{E}_2, \Lambda_2)$, de complexes associés $\mathcal{P}_1$ et $\mathcal{P}_2$, il est possible de construire un bon système $(\mathcal{E}, \Lambda)$, ayant pour complexe associé $\mathcal{P}_1 * \mathcal{P}_2$. Ce bon système sera appelé *joint* de $(\mathcal{E}_1, \Lambda_1)$ et de $(\mathcal{E}_2, \Lambda_2)$.

Remarque VI.3: En toute rigueur, il faudrait montrer que le joint de deux sphères rationnellement étoilées est une sphère rationnellement étoilée. Cette propriété sera en fait une conséquence de la discussion qui suit.

Définition: Soit V_1 et V_2 deux ensembles finis disjoints. Soit $\mathcal{E}_1$ et $\mathcal{E}_2$ deux ensembles fondamentaux sur V_1 et V_2 respectivement. Le joint de $\mathcal{E}_1$ et $\mathcal{E}_2$ est l'ensemble fondamental sur $V_1 \sqcup V_2$ défini par

$$\mathcal{E}_1 * \mathcal{E}_2 = \{ \ E_1 \sqcup E_2 \ / \ E_1 \in \mathcal{E}_1, \ E_2 \in \mathcal{E}_2 \ \}$$

Dans la suite, on pose $V_1 = \{-n_1, \ldots, -1\}$ et $V_2 = \{1, \ldots, n_2\}$. On se donne $\mathcal{E}_1$ et $\mathcal{E}_2$ deux ensembles fondamentaux sur V_1 et V_2 respectivement. On note $\mathcal{E} = \mathcal{E}_1 * \mathcal{E}_2$ leur joint. On note de plus $\mathcal{E}_0 = \{ \ E \sqcup \{0\} \ / \ E \in \mathcal{E}\}$. On suppose que l'ensemble des éléments indispensables de $\mathcal{E}_1$ est $I_1 = \{-k_1, \ldots, -1\}$ et celui de $\mathcal{E}_2$ est $I_2 = \{1, \ldots, k_2\}$. Le type de $\mathcal{E}_1$ est donc (M_1, n_1, k_1) et celui de $\mathcal{E}_2$ est (M_2, n_2, k_2).

La proposition suivante montre que la définition précédente a du sens :

Proposition VI.3: $\mathcal{E}$ est un ensemble fondamental sur $V = V_1 \sqcup V_2$ de type $(M_1 + M_2, n_1 + n_2, k_1 + k_2)$. Par conséquent, $\mathcal{E}_0$ est un ensemble fondamental sur $V_0 = \{P \sqcup \{0\} / \ P \subset V \}$ de type $(M_1 + M_2 + 1, n_1 + n_2 + 1, k_1 + k_2 + 1)$.

Démonstration: Un élément E de $\mathcal{E}$ s'écrit sous la forme $E = E_1 \sqcup E_2$, avec $E_1 \in \mathcal{E}_1$ et $E_2 \in \mathcal{E}_2$. On a $Card(E) = Card(E_1) + Card(E_2) = M_1 + M_2$. Donc $\mathcal{E}$ est un ensemble fondamental de type $(M_1 + M_2, n_1 + n_2)$ sur $V_1 \sqcup V_2$. De plus, E_1 contient I_1 et E_2 contient I_2. Ceci est vrai pour tout élément $E = E_1 \sqcup E_2$ de $\mathcal{E}$ donc les éléments de $I_1 \sqcup I_2$ sont indispensables pour $\mathcal{E}$. Si k est un élément de $V_1 \backslash I_1$, alors il existe une partie fondamentale E_1 dans $\mathcal{E}_1$ telle que $k \notin E_1$. Soit E_2 une partie fondamentale quelconque de $\mathcal{E}_2$. Alors k n'est pas élément de $E_1 \sqcup E_2 \in \mathcal{E}$, donc k n'est pas indispensable. De même, si k est élément de $V_2 \backslash I_2$, k n'est pas un élément indispensable de $\mathcal{E}$. Par conséquent, les éléments indispensables de $\mathcal{E}$ sont les éléments de $I_1 \sqcup I_2$ et $\mathcal{E}$ est de type $(M_1 + M_2, n_1 + n_2, k_1 + k_2)$.

De même, on montre que $\mathcal{E}_0$ est un ensemble fondamental de type $(M_1 + M_2 + 1, n_1 + n_2 + 1, k_1 + k_2 + 1)$ sur $V_1 \sqcup \{0\} \sqcup V_2$. Ses éléments indispensables sont les éléments de $I_1 \sqcup \{0\} \sqcup I_2$. $\square$

On pose $M = M_1 + M_2 + 1$, $n = n_1 + n_2 + 1$ et $k = k_1 + k_2 + 1$. On note $\mathcal{A}$, $\mathcal{A}_0$, $\mathcal{A}_1$ et $\mathcal{A}_2$ les ensembles de parties acceptables associés respectivement à $\mathcal{E}$, $\mathcal{E}_0$, $\mathcal{E}_1$ et $\mathcal{E}_2$. On a alors

Proposition VI.4: On a

$$\mathcal{A} = \{ \, A_1 \sqcup A_2 \, / \, A_1 \in \mathcal{A}_1, \; A_2 \in \mathcal{A}_2 \, \}$$

et

$$\mathcal{A}_0 = \{ \, A \sqcup \{0\} \, / \, A \in \mathcal{A} \, \}$$

Démonstration: Tout d'abord, si $A = A_1 \sqcup A_2$, avec $A_1 \in \mathcal{A}_1$ et $A_2 \in \mathcal{A}_2$, il existe $E_1 \in \mathcal{E}_1$ (resp. $E_2 \in \mathcal{E}_2$) tel que $E_1 \subset A_1$ (resp. $E_2 \subset A_2$). On a donc $E = E_1 \sqcup E_2 \subset A$ et d'après la proposition VI.3, on a $E \in \mathcal{E}$. Par conséquent, A est élément de $\mathcal{A}$. Inversement, si $A \in \mathcal{A}$, alors il existe $E \in \mathcal{E}$ tel que $E \subset A$. On pose $A_1 = A \cap V_1$ et $A_2 = A \cap V_2$, ainsi que $E_1 = E \cap V_1$ et $E_2 = E \cap V_2$. On a nécessairement $E_1 \subset A_1$ (et par conséquent, A_1 est acceptable pour $\mathcal{E}_1$). En effet, s'il existe $k \in E_1 \backslash A_1$, alors k n'est pas élément de V_2 (car V_1 et V_2 sont disjoints). A fortiori, k ne peut pas être élément de A_2, et donc k n'est pas élément de A. C'est absurde puisque $E_1 \subset E \subset A$. De même, on a $E_2 \subset A_2$. Enfin, puisque les parties fondamentales de $\mathcal{E}_0$ sont exactement les parties fondamentales de $\mathcal{E}$ auxquelles on adjoint 0, on en déduit que $\mathcal{A}_0$ est bien de la forme annoncée. $\square$

De même, on note $\mathcal{P}$, $\mathcal{P}_0$, $\mathcal{P}_1$ et $\mathcal{P}_2$ les complexes associés respectivement à $\mathcal{E}$, $\mathcal{E}_0$, $\mathcal{E}_1$ et $\mathcal{E}_2$. On montre que

Proposition VI.5: On a

$$\mathcal{P}_0 = \mathcal{P} = \mathcal{P}_1 * \mathcal{P}_2$$

Démonstration: La première égalité est claire puisque $\mathcal{E}_0$ s'obtient de $\mathcal{E}$ en ajoutant l'élément indispensable 0. Par conséquent, $\mathcal{P}_0$ est obtenu de $\mathcal{P}$ en ajoutant le sommet fantôme 0 et donc $\mathcal{P}_0 = \mathcal{P}$. De plus, remarquons que, si le sous-ensemble P de $V = V_1 \sqcup V_2$ se décompose en $P = P_1 \sqcup P_2$, avec $P_1 \in V_1$ et $P_2 \in V_2$, alors $V \backslash P = (V_1 \backslash P_1) \sqcup (V_1 \backslash P_1)$. Ainsi, P est une face de $\mathcal{P}$ si et seulement si $V \backslash P$ est acceptable pour $\mathcal{E}$. Or d'après la proposition VI.4 et la remarque précédente, $V\backslash P$ est acceptable pour $\mathcal{E}$ si et seulement si $V_1\backslash P_1$ et $V_2\backslash P_2$ sont acceptables, respectivement pour $\mathcal{E}_1$ et $\mathcal{E}_2$. En conséquence, on obtient que P est une face de $\mathcal{P}$ si et seulement si P_1 est une face de $\mathcal{P}_1$ et P_2 une face de $\mathcal{P}_2$. $\square$

Enfin, on note $\mathcal{S}$, $\mathcal{S}_0$, $\mathcal{S}_1$ et $\mathcal{S}_2$ les ouverts de $\mathbb{C}^{n-1}$, $\mathbb{C}^n$, $\mathbb{C}^{n_1}$ et $\mathbb{C}^{n_2}$ (respectivement) associés respectivement à $\mathcal{E}$, $\mathcal{E}_0$, $\mathcal{E}_1$ et $\mathcal{E}_2$. la proposition IV.5 implique que l'on a :

Corollaire VI.5.1: On a

$$\mathcal{S} = \mathcal{S}_1 \times \mathcal{S}_2 \qquad \text{et} \qquad \mathcal{S}_0 = \mathcal{S}_1 \times \mathbb{C}^* \times \mathcal{S}_2$$

ainsi que

$$\widetilde{\mathcal{Z}}_{\mathcal{P}} = \widetilde{\mathcal{Z}}_{\mathcal{P}_0} = \widetilde{\mathcal{Z}}_{\mathcal{P}_1} \times \widetilde{\mathcal{Z}}_{\mathcal{P}_2}$$

et

$$\mathcal{Z}_{\mathcal{P}_0,n} = \mathcal{Z}_{\mathcal{P}_1,n_1} \times S^1 \times \mathcal{Z}_{\mathcal{P}_2,n_2}$$

Démonstration: Ceci découle directement de la proposition IV.5, de la proposition IV.6, de l'exemple 18 et de la proposition IV.4. $\square$

Ces vérifications faites, on peut maintenant considérer deux bons systèmes $(\mathcal{E}_1, \Lambda_1)$ et $(\mathcal{E}_2, \Lambda_2)$ de type $(2m_1 + 1, n_1, k_1)$ et $(2m_2 + 1, n_2, k_2)$ de complexes associés $\mathcal{P}_1$ et $\mathcal{P}_2$ et construire un bon système dont le complexe associé est le joint $\mathcal{P}_1 * \mathcal{P}_2$.

Théorème VI.2: Soit $m = m_1 + m_2 + 1$ et Λ la famille de vecteurs de $\mathbb{C}^m$ dont les éléments sont les colonnes de la matrice

$$\begin{pmatrix} & \Lambda_1 & & 0 & & 0 & \\ -1-i & \dots & -1-i & 1-i & i & \dots & i \\ & 0 & & 0 & & \Lambda_2 & \end{pmatrix}$$

Alors $(\mathcal{E}_0, \Lambda)$ est un bon système de type $(2m+1, n, k)$. Son complexe associé est $\mathcal{P} = \mathcal{P}_1 * \mathcal{P}_2$ et la variété LVMB obtenue s'identifie à $\mathcal{Z}_{\mathcal{P}_1,n_1} \times \mathcal{Z}_{\mathcal{P}_2,n_2}$

Démonstration: On pose $\Lambda_1 = (\alpha_{-n_1}, \dots, \alpha_{-1})$ et $\Lambda_2 = (\beta_1, \dots, \beta_{n_2})$, puis $\Lambda = (\lambda_{-n_1}, \dots, \lambda_{-1}, \lambda_0, \lambda_1, \dots, \lambda_{n_2})$. Tout d'abord, si P est une partie fondamentale de $\mathcal{E}_1$ (resp. Q est une partie fondamentale de $\mathcal{E}_2$), alors $(\alpha_p, p \in P)$ (resp. $(\beta_q, q \in Q)$) engendre $\mathbb{C}^{m_1}$ (resp. $\mathbb{C}^{m_2}$) comme espace affine réel. On en déduit que, pour tout ensemble fondamental $E = P \sqcup \{0\} \sqcup Q$ de $\mathcal{E}_0$ (avec $P \in \mathcal{E}_1$ et $Q \in \mathcal{E}_2$), la famille $(\lambda_k, k \in E)$ engendre $\mathbb{C}^m$ en tant qu'espace affine réel. Donc $(\mathcal{E}_0, \Lambda)$ est un ensemble étudiable.

Montrons maintenant que c'est un bon système. D'après le théorème III.1, il faut et il suffit de montrer que $(\mathcal{E}, \Lambda)$ vérifie le PER et la condition d'imbrication. Tout d'abord, puisque $(\mathcal{E}_1, \Lambda_1)$ et $(\mathcal{E}_2, \Lambda_2)$ sont de bons systèmes, on en déduit que $\mathcal{P}_1$ et $\mathcal{P}_2$ sont des sphères simpliciales. Par conséquent, la proposition VI.2 implique que $\mathcal{P}$ et $\mathcal{P}_0$ sont aussi des sphères simpliciales. On déduit alors de la proposition I.7 que $\mathcal{E}$ est minimal pour le $PEUR$. De plus, soit P, Q deux parties fondamentales de $\mathcal{E}_0$. On décompose ces deux ensembles en

$$P = P_1 \sqcup \{0\} \sqcup P_2, \quad Q = Q_1 \sqcup \{0\} \sqcup Q_2$$

avec

$$P_1, Q_1 \in \mathcal{E}_1, \quad P_2, Q_2 \in \mathcal{E}_2.$$

Comme $(\mathcal{E}_1, \Lambda_1)$ est un bon système, on sait que $Conv(\alpha_p, p \in P_1)$ et $Conv(\alpha_q, q \in Q_1)$ sont d'intérieurs non disjoints. De même, $Conv(\alpha_p, p \in P_2)$ et $Conv(\alpha_q, q \in Q_2)$ sont d'intérieurs non disjoints. Soit x_1 un élément de l'intersection des intérieurs de $Conv(\alpha_p, p \in P_1)$ et de $Conv(\alpha_q, q \in Q_1)$ et x_2 un élément de l'intersection des intérieurs de $Conv(\alpha_p, p \in P_2)$ et de $Conv(\alpha_q, q \in Q_2)$. On peut alors écrire x_1 et x_2 sous la forme

$$\begin{cases} x_1 = \sum_{p \in P_1} t_p \alpha_p \quad \sum_{p \in P_1} t_p = 1, \quad t_p > 0 \ \forall p \in P_1, \\ x_1 = \sum_{p \in Q_1} s_q \alpha_q \quad \sum_{q \in Q_1} s_q = 1, \quad s_q > 0 \ \forall q \in Q_1 \end{cases}$$

et

$$\begin{cases} x_2 = \sum_{p \in P_2} t_p \beta_p \quad \sum_{p \in P_2} t_p = 1, \quad t_p > 0 \ \forall p \in P_2, \\ x_2 = \sum_{q \in Q_2} s_q \beta_q \quad \sum_{q \in Q_2} s_q = 1, \quad s_q > 0 \ \forall q \in Q_2 \end{cases}$$

On affirme alors que le point $\frac{1}{3}(x_1, 0, -1, x_2)$ est dans l'intersection des intérieurs des enveloppes convexes de $(\lambda_p, p \in P)$ et de $(\lambda_q, q \in Q)$. En effet, pour $t_0 = s_0 = 1$, on a

$$\sum_{p \in P} t_p \lambda_p = \sum_{p \in P_1} t_p \begin{pmatrix} \alpha_p \\ -1 \\ -1 \\ 0 \end{pmatrix} + t_0 \begin{pmatrix} 0 \\ 1 \\ -1 \\ 0 \end{pmatrix} + \sum_{p \in P_2} t_p \begin{pmatrix} 0 \\ 0 \\ 1 \\ \beta_p \end{pmatrix} = \begin{pmatrix} x_1 \\ 0 \\ -1 \\ x_2 \end{pmatrix}$$

De même, on a $\sum_{q \in Q} s_q \lambda_q = (x_1, 0, -1, x_2)$. Comme tous les nombres $t_p, p \in P$ et $s_q, q \in Q$ sont strictement positifs et que $\sum_{p \in P} t_p = \sum_{q \in Q} s_q = 3$, on en déduit que l'affirmation ci-dessus est vérifiée. Par conséquent, $(\mathcal{E}_0, \Lambda)$ vérifie la condition d'imbrication et est donc un bon système.

Enfin, d'après corollaire VI.5.1, on a $\mathcal{Z}_{\mathcal{P}_0, n} = \mathcal{Z}_{\mathcal{P}_1, n_1} \times S^1 \times \mathcal{Z}_{\mathcal{P}_2, n_2}$. En utilisant la proposition IV.3, on obtient que $\mathcal{N}$ est homéomorphe à $\mathcal{Z}_{\mathcal{P}_1, n_1} \times \mathcal{Z}_{\mathcal{P}_2, n_2}$. $\square$

On en déduit alors le corollaire suivant :

Corollaire VI.5.2: Le joint de deux sphères rationnellement étoilées est encore rationnellement étoilée.

Démonstration: Soit $\mathcal{P}_1$ et $\mathcal{P}_2$ deux sphères rationnellement étoilées. D'après la section 5 du chapitre III, il existent des bons systèmes $(\mathcal{E}_1, \Lambda_1)$ et $(\mathcal{E}_2, \Lambda_2)$ ayant respectivement $\mathcal{P}_1$ et $\mathcal{P}_2$ pour complexe associé. On construit $(\mathcal{E}_0, \Lambda)$ comme ci-dessus. D'après corollaire VI.5.1, son complexe associé est $\mathcal{P}_1 * \mathcal{P}_2$. Or le théorème VI.2 implique que $(\mathcal{E}_0, \Lambda)$ est un bon système. Par conséquent, $\mathcal{P}_1 * \mathcal{P}_2$ est une sphère rationnellement étoilée (cf corollaire III.15.1). $\square$

Exemple 22: Soit $\partial\Delta^p$ la frontière du p-simplexe. L'ensemble fondamental $(\mathcal{E}_p, \Lambda_p)$, où $\mathcal{E}_p = \{(1), \ldots, (p+1)\}$ et $\Lambda_p = (0, \ldots, 0)$ ($p + 1$ vecteurs nuls), est un bon système ayant $\partial\Delta^p$ comme complexe associé. Son type est $(1, p+1, 0)$. Le complexe moment-angle associé est $Z_p = \mathcal{Z}_{\mathcal{P}_p, p+1} = S^{2p+1}$ et la variété torique est $\mathbb{P}^p$. Pour tous entiers p, q, on pose

$$\mathcal{E}_{p,q} = \{ \ \{-i, 0, j\}/\ 1 \leq i \leq p+1, 1 \leq j \leq q+1 \ \}$$

et

$$\Lambda_{p,q} = (\underbrace{-1-i, \ldots, -1-i}_{p+1}, 1-i, \underbrace{0, \ldots, 0}_{q+1})$$

D'après le théorème VI.2, $(\mathcal{E}_{p,q}, \Lambda_{p,q})$ est un bon système donnant naissance à une variété LVMB homéomorphe à $Z_p \times Z_q = S^{2p+1} \times S^{2q+1}$. On retrouve ainsi les variétés de Calabi-Eckmann.

Exemple 23: On sait que la structure complexe d'un tore de dimension m peut être décrite par la donnée d'un réseau de $\mathbb{C}^m$ dont une base est de la forme $(e_1, \alpha_1 \ldots, e_m, \alpha_m)$, avec $(e_1, \ldots, e_m)$ la base canonique de $\mathbb{C}^m$. En utilisant le théorème VI.2 et l'exemple 21, on peut donc montrer que n'importe quelle structure complexe sur un tore de dimension quelconque peut être vue comme structure de variété LVMB (cf. aussi [Me] et la remarque VI.2).

4 Bons systèmes de type $(3, n)$

Dans [LdMV], les variétés LVM associées à des bons systèmes de type $(3, n)$ sont classifiées à difféomorphisme près. Soit $(\mathcal{E}, l)$ un bon système de type $(3, n)$ paramétrant une variété LVM. En particulier, quitte à effectuer une translation sur les vecteurs $l_j, j = 1, \ldots, n$, on peut supposer que 0 est dans l'enveloppe convexe de ces vecteurs. De plus, on peut bouger certains vecteurs l_j sans changer la structure $\mathbb{C}^\infty$ tant que les conditions de Siegel et d'hyperbolicité faible sont vérifiées (bien sûr, comme le montre l'exemple du tore, la structure complexe est en général modifiée). L'article [LdM] montre que l peut être mis sous *forme standard*, c'est-à-dire que les l_j sont les sommets d'un polygone régulier avec un nombre impair $p = 2l + 1$ sommets, chaque sommet étant occupé par au moins un vecteur l_j. On numérote de manière cyclique ces sommets et on note n_i la multiplicité du i^{eme} sommet (i.e. le nombre de vecteurs de l qui sont déplacés sur ce sommet). On pose alors $d_j = n_j + n_{j+1} + \cdots + n_{j+l-1}$ pour tout $j \in \{1, \ldots, p\}$ (les indices sont pris modulo l). On a alors le théorème suivant :

Théorème VI.3 ([LdMV],Theorem 1): On note $\mathcal{P}$ le complexe associé à $\mathcal{E}$. Alors :

1. Si $p = 1$, alors $\mathcal{Z}_{\mathcal{P},n} = \emptyset$.

2. Si $p = 3$, alors $\mathcal{Z}_{\mathcal{P},n} = S^{2n_1-1} \times S^{2n_2-1} \times S^{2n_3-1}$.

3. Si $p > 3$, alors $\mathcal{Z}_{\mathcal{P},n}$ est la somme connexe des variétés $S^{2d_j-1} \times S^{2n-2d_j-2}$ pour $j \in \{1, \ldots, p\}$.

Remarque VI.4*:* Si $(\mathcal{E}, l)$ est un bon système de type $(3, n, k)$ associé à une variété LVM, alors le complexe associé $\mathcal{P}$ a $(n - k)$ sommets et est de dimension $(n - 4)$ et on a $k \in \{0, 1, 2\}$ (cf. la proposition VI.1). Le théorème précédent permet donc de classifier les complexes moment-angle $\mathcal{Z}_{\mathcal{P},n}$ associés à des d-sphères ayant au plus $d + 4$ sommets (d'après [Man], $\mathcal{P}$ est en fait polytopal).

Dans le cas des variétés LVMB, on a le résultat suivant, dû à Bosio :

Proposition VI.6 ([Bos], Théorème 3.2): Soit $(\mathcal{E}, l)$ un bon système de type $(3, n)$. Alors la variété associée $\mathcal{N}$ est une déformation analytique d'une variété LVM.

5 Cas des polygones

Dans [Mc1], l'auteur étudie les actions lisses du tore $(S^1)^n$ sur une variété lisse simplement connexe de dimension $(n + 2)$. Il y exhibe notamment une famille $(M_{n+2})_{n \geq 4}$ de variétés lisses, simplement connexes, de dimension $(n+2)$ et admettant une action $F : (S^1)^n \times M_{n+2} \to M_{n+2}$ de $(S^1)^n$ sur M_{n+2} vérifiant la propriété suivante : il existe exactement n stabilisateurs $T_1, \ldots, T_n$ isomorphes à S^1 et telles que $F(T_j \times M_{n+2})$ est connexe. Il montre aussi (cf. Theorem 3.1 dans l'article cité précédemment) que pour chaque n, il n'existe qu'une seule variété lisse vérifiant les propriétés ci-dessus.

Comme il a été remarqué dans [Me], si $\mathcal{P}$ est un polytope à v sommets, $v \geq 4$, alors $\widetilde{\mathcal{Z}}_{\mathcal{P}}$ est exactement la variété M_{v+2}. En utilisant [Mc2], Theorem 3.4, qui donne la structure explicite des variétés M_{v+2}, on obtient :

Proposition VI.7 ([Me],[Mc2]): Soit $v \geq 4$ et $\mathcal{P}$ la frontière du polygone à v sommets. Alors la variété LVM associée à $\mathcal{P}$ est difféomorphe à

$$\overset{v-3}{\underset{j=1}{\#}} j \begin{pmatrix} v-2 \\ j+1 \end{pmatrix} S^{j+2} \times S^{v-j}$$

si v est pair et difféomorphe à

$$\left(\overset{v-3}{\underset{j=1}{\#}} j \begin{pmatrix} v-2 \\ j+1 \end{pmatrix} S^{j+2} \times S^{v-j} \right) \times S^1$$

si v est impair.

6 Un exemple complet

Dans cette section, nous reprenons l'exemple l'exemple 14 en détails. Nous explicitons notamment la fibration $\mathcal{N} \to X$ et montrons qu'elle est obtenue à partir de la définition habituelle de $\mathbb{P}^1$ comme espace des orbites de l'action de S^1 sur S^3 définie par

$$\forall t \in S^1, (w_1, w_2) \in S^3 \subset \mathbb{C}^2, \quad t \cdot (w_1, w_2) = (tw_1, tw_2)$$

Tout d'abord, rappelons que si K est constitué de deux points, alors $\widetilde{\mathcal{Z}}_K$ est homéomorphe à la sphère de dimension 3. En effet, cette sphère peut être représentée dans $\mathbb{C}^2$ comme l'ensemble des couples (z_1, z_2) tels que $|z_1|^2 + |z_2|^2 = 1$. Alors la sphère S^3 peut être décomposée en

$$S^3 = \left\{ (z_1, z_2) \in S^3 \ / \ |z_1|^2 \leq \frac{1}{2} \right\} \bigcup \left\{ (z_1, z_2) \in S^3 \ / \ |z_2|^2 \leq \frac{1}{2} \right\}$$

Notons A le premier terme de l'union ci-dessus et B le second. Alors $A \cap B$ est le produit cartésien du cercle $\frac{1}{\sqrt{2}} S^1$ par lui-même. De plus, A est homéomorphe au tore plein $\mathbb{D} \times S^1$ via l'homéomorphisme

$$\psi : \begin{array}{ccc} A & \to & \mathbb{D} \times S^1 \\ (z_1, z_2) & \mapsto & \left(\sqrt{2} z_1, \dfrac{z_2}{|z_2|} \right) \end{array}$$

Cet homéomorphisme vérifie $\psi(A \cap B) = S^1 \times S^1$. On peut définir de même un homéomorphisme de B sur $S^1 \times \mathbb{D}$. Ces deux homéomorphismes coïncident sur $A \cap B$ et donc on obtient un homéomorphisme de S^3 sur le recollement de $\mathbb{D} \times S^1$ et de $S^1 \times \mathbb{D}$ le long de $S^1 \times S^1$. Or, si $K = \{\emptyset, 1, 2\}$, $\widetilde{Z}_K$ est bien le recollement de deux tores pleins le long d'un tore. Enfin, un calcul montre que l'homéomorphisme inverse s'écrit

$$
\begin{aligned}
\widetilde{Z}_K &\to S^3 \\
(z_1, z_2) &\mapsto \left(z_2 \sqrt{1 - \frac{|z_1|^2}{2}}, z_1 \sqrt{1 - \frac{|z_2|^2}{2}} \right)
\end{aligned}
$$

La construction précédente peut être généralisée et on a le résultat suivant (cf. [BP], chapitre 6) :

Proposition VI.8: Si K est le bord du simplexe de dimension d, alors $\widetilde{Z}_K$ est homéomorphe à S^{2d+1}.

Maintenant, considérons l'ensemble fondamental $\mathcal{E} = \{(125), (145), (235), (345)\}$. Il est de type $(3, 5, 1)$ et a un élément indispensable : 5. Le complexe associé de $\mathcal{E}$ est $\mathcal{P} = \{(12), (23), (34), (14)\}$. C'est donc un carré. Comme le carré $\mathcal{P}$ est le joint des complexes $K_1 = \{1, 3, \emptyset\}$ et $K_1 = \{2, 4, \emptyset\}$, la proposition IV.5 implique que $\widetilde{Z}_{\mathcal{P}}$ est homéomorphe au produit cartésien de $\widetilde{Z}_{K_1}$ et de $\widetilde{Z}_{K_2}$. D'après ce qui précède, $\widetilde{Z}_{\mathcal{P}}$ est donc homéomorphe à $S^3 \times S^3$.

Considérons de plus les vecteurs $l_1 = l_3 = 1$, $l_2 = l_4 = i$ et $l_5 = 0$, comme dans l'exemple 14. Comme $\mathcal{P}$ est un carré, $\mathcal{E}$ est minimal pour le $PEUR$ (voir la proposition I.7). La condition d'imbrication est aussi vérifiée, donc $(\mathcal{E}, l)$ est un bon système. Alors le quotient $\mathcal{N}$ de $\mathcal{S} \simeq (\mathbb{C}^2 \backslash \{0\}) \times \mathbb{C}^*$ (voir l'exemple 9) par l'action de $\mathbb{C}^* \times \mathbb{C}$ définie par

$$
\forall (\alpha, T) \in \mathbb{C}^* \times \mathbb{C}, z \in \mathbb{C}^5, \quad (\alpha, T) \cdot z = (\alpha e^T z_1, \alpha e^{iT} z_2, \alpha e^T z_3, \alpha e^{iT} z_4, \alpha z_5)
$$

peut être muni d'une structure de variété LVMB. La variété $\mathcal{N}$ est aussi le quotient de $Z_{\mathcal{P},5} = S^3 \times S^3 \times S^1$ par l'action diagonale de S^1. En utilisant la proposition IV.3, on obtient que $\mathcal{N}$ est homéomorphe à $Z_{\mathcal{P},4} = S^3 \times S^3$. Dans l'exemple 14, on a montré que $(\mathcal{E}, l)$ vérifie la condition (K) et que le quotient X de $\mathcal{S}$ par l'action de $(\mathbb{C}^*)^3$ est $\mathbb{P}^1 \times \mathbb{P}^1$. Nous allons maintenant expliciter la surjection de $\mathcal{N}$ sur X.

Pour commencer, rappelons que X peut être vu comme l'espace des orbites d'une action d'un groupe de Lie K sur $\mathcal{N}$. Plus précisément, soit φ l'application définie par

$$\varphi \ : \ \begin{array}{ccc} \mathbb{C} & \to & (\mathbb{C}^*)^2 \\ T & \mapsto & (e^T, e^{iT}) \end{array}$$

Alors $K = (\mathbb{C}^*)^2/Im(\varphi)$. Comme expliqué dans la remarque suivant la proposition III.7, K est isomorphe au tore $(S^1)^2$. La proposition suivante explicite un réseau de $\mathbb{C}$ qui décrit la structure complexe de K.

Proposition VI.9: K est isomorphe au tore $\mathbb{C}/\Lambda$, où $\Lambda = 2\pi\mathbb{Z} \oplus 2i\pi\mathbb{Z}$.

Démonstration: On considère l'application $f \ : \ \mathbb{C} \to K$ définie par $f(T) = \left[1, e^T\right]_\varphi$, où $[s,t]_\varphi$ désigne la classe d'équivalence de $(s,t) \in (\mathbb{C}^*)^2$ dans K. L'application f est un morphisme de groupes de Lie complexes. De plus, f est surjective. En effet, si $s = e^S, t = e^T$ sont des nombres complexes non nuls, alors $[s,t]_\varphi = \left[se^{-S}, te^{-iS}\right]_\varphi = \left[1, e^{T-iS}\right]_\varphi = f(T - iS)$. De plus, un calcul simple montre que $f(T) = f(\tilde{T})$ si et seulement si T et $\tilde{T}$ diffèrent par un élément de Λ. Par conséquent, f induit un isomorphisme $\overline{f}$ de $\mathbb{C}/\Lambda$ sur K, dont l'inverse est défini par $\overline{f}^{-1}([s,t]_\varphi) = [T - iS]_\Lambda$, si $s = e^S$ et $t = e^T$ et $[T]_\Lambda$ désigne la classe d'équivalence de $T \in \mathbb{C}$ modulo Λ. $\square$

On note $\theta \ : \ S^1 \times S^1 \to \mathbb{C}/\Lambda$ l'isomorphisme de groupes de Lie réels défini par $\theta(e^{i\alpha_1}, e^{i\alpha_2}) = [\alpha_1 + i\alpha_2]_\Lambda$ et on utilise cet isomorphisme pour munir $S^1 \times S^1$ d'une structure de groupe de Lie complexe. Par conséquent, la composée $\Theta = \overline{f} \circ \theta$ est un isomorphisme de groupes de Lie complexes entre $S^1 \times S^1$ et K. On a

$$\Theta\left(e^{i\alpha_1}, e^{i\alpha_2}\right) = \left[1, e^{\alpha_1+i\alpha_2}\right]_\varphi = \left[e^{i\alpha_1}, e^{i\alpha_2}\right]_\varphi$$

Ainsi, nous pouvons identifier $\mathcal{N}$ et $S^3 \times S^3$, ainsi que K et $S^1 \times S^1$. Via ces identifications, nous pouvons définir une action de $S^1 \times S^1$ sur $S^3 \times S^3$ dont le quotient est $X = \mathbb{P}^1 \times \mathbb{P}^1$. Nous allons montrer qu'on retrouve ainsi la fibration de Calabi-Eckmann d'un produit de sphères sur un produit d'espaces projectifs.

Proposition VI.10: Via les identifications précédentes, l'action de K sur $\mathcal{N}$ correspond à la définition usuelle de $\mathbb{P}^1 \times \mathbb{P}^1$ comme espace des orbites de $S^3 \times S^3$ par l'action de $S^1 \times S^1$.

Démonstration: On note σ la symétrie de $\mathbb{C}^4$ définie par

$$\sigma(z_1, z_2, z_3, z_4) = (z_1, z_3, z_2, z_4)$$

On a alors $\sigma\left(\widetilde{Z}_{\mathcal{P}}\right) = \widetilde{Z}_{K_1} \times \widetilde{Z}_{K_2}$. De plus, si $z \in \mathcal{S}$, on note $[z]_{\mathcal{N}}$ son orbite dans $\mathcal{N}$. On note enfin Ψ l'homéomorphisme entre $\mathcal{N}$ et $\widetilde{Z}_{\mathcal{P}}$ (cf. la proposition IV.3). Rappelons que Ψ est défini par

$$\begin{aligned} \Psi \quad : \quad \mathcal{N} \quad &\to \quad \widetilde{Z}_{\mathcal{P}} \\ [z]_{\mathcal{N}} \quad &\mapsto \quad \left(\frac{z_1}{z_5}, \frac{z_2}{z_5}, \frac{z_3}{z_5}, \frac{z_4}{z_5}\right) \end{aligned}$$

Rappelons aussi (cf. la proposition III.5) que l'action de K sur $\mathcal{N}$ est définie par

$$[t, s]_{\varphi} \cdot [z]_{\mathcal{N}} = [(s, t) \cdot z]_{\mathcal{N}} = [sz_1, tz_2, sz_3, tz_4, z_5]_{\mathcal{N}}$$

L'espace des orbites est X. La variété X est aussi l'espace des orbites de l'action de $S^1 \times S^1$ sur $\widetilde{Z}_{\mathcal{P}}$ définie par

$$\begin{aligned} (e^{i\alpha_1}, e^{i\alpha_2}) \cdot (z_1, z_2, z_3, z_4) &= \Psi\left(\Theta\left(e^{i\alpha_1}, e^{i\alpha_2}\right) \cdot \Psi^{-1}(z)\right) \\ &= \Psi\left(\left[e^{i\alpha_1, e^{i\alpha_2}}\right]_{\varphi} \cdot [z_1, z_2, z_3, z_4, 1]_{\mathcal{N}}\right) \\ &= \Psi\left([e^{i\alpha_1}z_1, e^{i\alpha_2}z_2, e^{i\alpha_1}z_3, e^{i\alpha_2}z_4, 1]_{\mathcal{N}}\right) \\ &= \left(e^{i\alpha_1}z_1, e^{i\alpha_2}z_2, e^{i\alpha_1}z_3, e^{i\alpha_2}z_4\right) \end{aligned}$$

On en déduit que X est aussi l'espace des orbites de l'action de $S^1 \times S^1$ sur $\widetilde{Z}_{K_1} \times \widetilde{Z}_{K_2}$ définie par

$$(act) \qquad \left(e^{i\alpha_1}, e^{i\alpha_2}\right) \cdot (z_1, z_3, z_2, z_4) = \left(e^{i\alpha_1}z_1, e^{i\alpha_1}z_3, e^{i\alpha_2}z_2, e^{i\alpha_2}z_4\right)$$

avec (z_1, z_3, z_2, z_4) un élément de $\widetilde{Z}_{K_1} \times \widetilde{Z}_{K_2}$. Il ne reste plus qu'à utiliser les homéomorphismes ψ entre $\widetilde{Z}_{K_j}$, $j = 1, 2$, et S^3 pour obtenir X comme espace des orbites d'une action de $S^1 \times S^1$ sur $S^3 \times S^3$. On peut remarquer que les parties A et B sont invariantes pour l'action diagonale de S^1 sur S^3 et que ψ est équivariant pour cette action. Par conséquent, cette dernière action est aussi décrite par la formule (act) (cette fois, (z_1, z_3, z_2, z_4) est un élément de $S^3 \times S^3$). On retrouve bien la définition usuelle de $\mathbb{P}^1$ comme espace des orbites d'une action de S^1 sur S^3. $\square$

Annexe A

Etude des complexes des éléments complétables et des non acceptables

Soit $\mathcal{E}$ un ensemble fondamental sur V de type (M, n, k). On construit les trois ensembles suivants :

$$\mathcal{A} = \{ \, P \in V \; / \; \exists E \in E; \; E \subset P \, \}$$

$$\mathcal{B} = \{ \, P \in V \; / \; P \notin \mathcal{A} \, \}$$

et

$$\mathcal{C} = \{ \, P \in V \; / \; \exists E \in E; \; P \subset E \, \}$$

Les éléments de $\mathcal{A}$ sont appelés parties acceptables (cf. chapitre I) et ceux de $\mathcal{C}$ sont appelés *parties complétables*.

Proposition A.1: $\mathcal{C}$ est un complexe simplicial pur sur V de dimension $M - 1$. Ses facettes sont les parties fondamentales de $\mathcal{E}$.

Démonstration: Si P est élément de $\mathcal{C}$ et $Q \subset P$, alors il existe $E \in \mathcal{E}$ tel que $P \subset E$. On a donc $Q \subset E$ et donc $Q \in \mathcal{C}$. L'ensemble $\mathcal{C}$ est bien un complexe simplicial. Il est clair que les éléments maximaux de $\mathcal{C}$ pour l'inclusion sont les parties fondamentales. Par conséquent, les facettes de $\mathcal{C}$ ont M éléments. Finalement, $\mathcal{C}$ est pur de dimension $M - 1$. $\square$

Annexe A. Etude des complexes des éléments complétables et des non acceptables

Remarque A.1: Soit $\mathcal{E}$ un ensemble fondamental de type (M, n, k) et $\mathcal{C}$ le complexe des parties complétables. Alors :

1. $\mathcal{C}$ a au moins k sommets. Plus précisément, les éléments indispensables sont des sommets de $\mathcal{C}$ (ils sont contenus dans toute partie fondamentale).

2. Si $\mathcal{E}$ vérifie le PER, alors $\mathcal{C}$ a n sommets. En effet, si $\mathcal{E}$ vérifie le PER, alors, d'après la remarque I.3, tout élément de $\{1, ..., n\}$ apparaît dans au moins une partie fondamentale, donc est un sommet de $\mathcal{C}$.

Proposition A.2: $\mathcal{B}$ est un complexe simplicial sur V.

Démonstration: Si P est élément de $\mathcal{B}$ et $Q \subset P$, alors $P \notin \mathcal{A}$. Si $Q \in \mathcal{A}$, alors il existe $E \in \mathcal{E}$ tel que $E \subset Q$. On aurait alors $E \subset P$, soit $P \in \mathcal{A}$, ce qui est absurde. Alors $Q \notin \mathcal{A}$ et donc $Q \in \mathcal{B}$. L'ensemble $\mathcal{B}$ est bien un complexe simplicial. $\square$

Le complexe $\mathcal{B}$ est intimement relié au complexe associé $\mathcal{P}$. En effet, ce complexe $\mathcal{B}$ est le dual d'Alexander de $\mathcal{P}$. Avant de démontrer ce fait, rappelons la définition du dual d'Alexander d'un complexe simplicial :

Définition: Soit K un complexe simplicial sur un ensemble fini V. Le *dual d'Alexander* de K est le complexe simplicial $\widehat{K}$ sur V défini par

$$\widehat{K} = \{\ P \subset V\ /\ \ V \backslash P \notin K\ \}$$

On a alors :

Proposition A.3: $\mathcal{B}$ est le dual d'Alexander de $\mathcal{P}$.

Démonstration: Notons $\widehat{\mathcal{P}}$ le dual d'Alexander de $\mathcal{P}$. Soit $P \subset V$. On a alors :

$$
\begin{aligned}
P \in \widehat{\mathcal{P}} \quad &\Leftrightarrow \quad P^c \notin \mathcal{P} \\
&\Leftrightarrow \quad P = (P^c)^c \notin \mathcal{A} \\
&\Leftrightarrow \quad P \in \mathcal{B} \qquad\qquad \square
\end{aligned}
$$

Définition: Soit K un complexe simplicial sur un ensemble fini V. Le *q-squelette* de K est l'ensemble des faces de dimension q de K. On le note $skel_q(K)$. Si tout élément de V de cardinal $q + 1$ est élément de $skel_q(K)$, on dit que $skel_q(K)$ est complet.

Quelques propriétés de $\mathcal{B}$, dual de $\mathcal{P}$:

Proposition A.4: Soit $\mathcal{E}$ un ensemble fondamental de type (M, n, k) et $\mathcal{B}$ le complexe des parties non acceptables associées. Alors :

1. Pour tout $0 \leq q \leq (M - 2)$, $skel_q(\mathcal{B})$ est complet.

2. $skel_{M-2}(\mathcal{B})$ est complet.

3. $skel_{M-1}(\mathcal{B}) = \{\ P \subset V\ /\ |P| = M - 1,\ P \notin \mathcal{E}\ \}$.

4. $M - 2 \leq dim(\mathcal{B}) \leq (n - 2)$.

5. Si $1 < M < n$ et $\mathcal{E}$ vérifie le $PEUR$, alors $dim(\mathcal{B}) \geq M - 1$.

6. $dim(\mathcal{B}) = n - 2$ si et seulement si $k > 0$.

Démonstration: Remarquons d'abord que les assertions 1. et 2. sont équivalentes. En effet, 1. implique logiquement 2. De plus, si P est contenu dans V et a $(q + 1)$ éléments $(0 \leq q \leq M - 2)$, il existe une partie Q de V à $M - 1$ éléments qui contient P (puisque $q + 1 \leq M - 1 \leq card(V)$). Mais $skel_{M-2}(\mathcal{B})$ est complet donc Q est une face du complexe simplicial $\mathcal{B}$. On en déduit alors que P est une face de $\mathcal{B}$. Mais l'assertion 1. est claire puisque les ensembles ayant au plus $(M - 1)$ éléments (de dimension inférieure à $(M - 2)$ donc) sont "trop petits" pour être acceptables. Donc 1. et 2. sont prouvés. Ensuite, 3. est aussi évident puisqu'une partie de V à $(2m + 1)$ élément est acceptable si et seulement si elle est fondamentale.

Calculons maintenant la dimension de $\mathcal{B}$. L'ensemble V (de cardinal n) est acceptable, donc n'est pas élément de $\mathcal{B}$. Les faces de $\mathcal{B}$ ont donc au plus $n - 1$ éléments et par conséquent $dim(\mathcal{B}) \leq n - 2$. On a aussi $dim(\mathcal{B}) \geq M - 2$ (c'est une conséquence directe de 2.). Supposons de plus que $1 < M < n$ et que $\mathcal{E}$ vérifie le $PEUR$. Le $PEUR$ signifie que pour toute partie P de $\mathcal{E}$, et tout élément q de V, il existe un unique élément p_0 de P tel que $(P\backslash\{p_0\}) \cup \{q\}$ est aussi dans $\mathcal{E}$. Alors pour tout élément $p \in P\backslash\{p_0\}$ (p existe si $M > 1$, $(P\backslash\{p\}) \cup \{q\}$ n'est pas une partie fondamentale et donc est une face de $\mathcal{B}$. Or, si q n'est pas élément de P (possible si $n > M$), $(P\backslash\{p\}) \cup \{q\}$ a exactement M éléments, donc est élément de $skel_{M-1}(\mathcal{B})$. Si $k > 0$, considérons q un élément indispensable. On sait que q est un sommet fantôme de $\mathcal{P}$ donc $V\backslash\{q\}$ est élément de $\mathcal{B}$ (car $\mathcal{B}$ est le dual d'Alexander de $\mathcal{P}$, cf. la proposition A.3). Donc $dim(\mathcal{B}) \geq (n - 2)$ et d'après le point 4., on a bien égalité. Inversement, si $dim(\mathcal{B}) = (n - 2)$, cela signifie que $\mathcal{B}$ contient un ensemble à $n - 1$ élément, qui par conséquent s'écrit sous la forme $V\backslash\{q\}$, pour un certain $q \in V$. On en déduit donc $\{q\}$ est un sommet fantôme de $\mathcal{P}$, et donc que q est indispensable. Cela prouve 6. $\square$

Les inégalités des points 4. et 5. de la proposition A.4 ne peuvent être améliorées, comme le prouvent les exemples suivants :

Exemple 24:

1. Si $\mathcal{E}$ est un ensemble fondamental de type (M, n), avec $n = M$, alors $\mathcal{B}$ est l'ensemble des parties de $\{1, \ldots, M\}$ différentes de $\{1, \ldots, M\}$. Par conséquent, $\mathcal{B}$ est de dimension $M - 2 = n - 2$.

2. Considérons l'ensemble fondamental $\mathcal{E} = \{\ (124), (134), (135), (235), (245)\ \}$ de type $(3, 5)$ sur $V = \{1, \ldots, 5\}$. Dans ce cas, $\mathcal{E}$ vérifie le $PEUR$ et $\mathcal{B}$ a pour

facettes les éléments de l'ensemble { $(124), (134), (135), (235), (245)$ } ($\mathcal{B}$ est une triangulation du ruban de Möbius, cf. [BP], Example 2.30) et donc est de dimension 2.

Annexe B

Cas de la sphère de Barnette

Dans cette seconde annexe, comme nous l'avons fait pour la sphère de Brückner, nous détaillons les calculs permettant d'obtenir une réalisation rationnellement étoilée de la sphère de Barnette ainsi que les calculs des produits en cohomologie du complexe moment-angle associé.

1 Réalisation rationnellement étoilée de la sphère de Barnette

Dans cette section, nous allons calculer les coordonnées des sommets d'une réalisation étoilée pour la sphère de Barnette. Là encore, nous suivons la construction de [MW].

Définition: La sphère de Barnette est le complexe simplicial $\widetilde{M}$ dont les 19 facettes sont ([MW] et aussi [GS]) :

$$
\begin{array}{cccc}
(1234) & (1237) & (1248) & (1267) \\
(1268) & (1347) & (1478) & (1567) \\
(1568) & (1578) & (2345) & (2358) \\
(2367) & (2368) & (2458) & (3457) \\
(3567) & (3568) & (4578) &
\end{array}
$$

Selon [MW], $\widetilde{M}$ est le complexe obtenu comme différence symétrique de la sphère de Brückner M et du bord du simplexe dont les sommets sont $1, 2, 3, 4$ et 7. Il peut donc être réalisé avec les mêmes sommets que M. Ses sommets sont donc :

$$v_1 = (20, -20, -100, -80)$$
$$v_2 = (0, 0, -130, 0)$$
$$v_3 = (0, 0, 0, 0)$$
$$v_4 = (0, -130, 0, 0)$$
$$v_5 = (-326, -197, -11, 175)$$
$$v_6 = (-130, 0, 0, 0)$$
$$v_7 = (0, 0, 0, -130)$$
$$v_8 = (-140, -180, -180, 160)$$

Il ne reste plus qu'à vérifier que cette réalisation est étoilée. Le système d'inéquations linéaires obtenu pour un centre de la sphère de Barnette est

$$
\begin{aligned}
4x_1 + x_4 &< 0 \\
x_1 + x_2 &< 0 \\
-2x_1 + 3x_2 - 2x_3 - 2x_4 &< 260 \\
5x_1 + x_3 &< 0 \\
-1948x_1 + 287x_2 - 1421x_3 - 1948x_4 &< 253240 \\
175x_1 + 326x_4 &< 0 \\
x_2 &< 0 \\
-11x_1 + 326x_3 &< 0 \\
-11x_2 + 197x_3 &< 0 \\
x_1 - 1383x_2 - 1555x_4 &< 0 \\
8x_2 + 9x_4 &< 0 \\
1487x_2 + x_3 + 1674x_4 &< 0 \\
-22x_1 + 9x_2 - 22x_3 - 16x_4 &< 2860 \\
-4094x_1 + 1642x_2 - 4075x_3 - 2993x_4 &< 532220 \\
21x_1 - 10x_2 - 10x_3 + 4x_4 &< 1300 \\
2777x_1 + 2766x_2 + 2766x_3 + 6406x_4 &< -359580 \\
-7x_1 - 22x_2 - 8x_3 - 22x_4 &< 2860 \\
-521x_1 - 1616x_2 - 592x_3 - 1622x_4 &< 210860 \\
-1823x_1 - 5714x_2 - 2074x_3 - 5714x_4 &< 742820
\end{aligned}
$$

Utilisant des arguments de programmation linéaire, on trouve qu'une solution de ce système est $C = (-\frac{716}{5}, -\frac{-113}{2}, -46, \frac{251}{5})$. Finalement, on effectue une translation (pour que le centre soit 0) puis une homothétie (pour que la réalisation ait des sommets à coordonnées entières) et on obtient que

$$v_1 = (1632, 365, -540, -1302),$$
$$v_2 = (1432, 565, -840, -502),$$
$$v_3 = (1432, 565, 460, -502),$$
$$v_4 = (1432, -735, 460, -502),$$
$$v_5 = (-1828, -1405, 350, 1248),$$
$$v_6 = (132, 565, 460, -502),$$
$$v_7 = (1432, 565, 460, -1802),$$
$$v_8 = (32, -1235, -1340, 1098)$$

est une réalisation rationnellement étoilée de la sphère de Barnette dont l'origine est un centre.

2 Produits en cohomologie du complexe moment-angle associé à la sphère de Barnette

Dans cette sous-section, nous allons comparer les produits en cohomologie de $\widetilde{\mathcal{Z}}_{\widetilde{\mathcal{M}}}$ et ceux de $\widetilde{\mathcal{Z}}_P$, où $P \in \{ P_{30}^8, P_{31}^8, P_{32}^8, P_{33}^8 \}$. Pour simplifier les notations de cette sous-section, K désignera l'un de ces cinq complexes. En utilisant la formule de la proposition IV.12 (ou la proposition IV.13), on note que les groupes de cohomologie ont pour nombre de Betti :

	b^0	b^1	b^2	b^3	b^4	b^5	b^6	b^7	b^8	b^9	b^{10}	b^{11}	b^{12}
K	1	0	0	1	0	12	24	12	0	1	0	0	1

Par conséquent, les seuls produits potentiellement non nuls sont ceux de

$$H^0(\widetilde{\mathcal{Z}}_K) \times H^j(\widetilde{\mathcal{Z}}_K) \to H^j(\widetilde{\mathcal{Z}}_K), \ j \in \{0, 3, 5, 6, 7, 9, 12\},$$
$$H^j(\widetilde{\mathcal{Z}}_K) \times H^0(\widetilde{\mathcal{Z}}_K) \to H^j(\widetilde{\mathcal{Z}}_K), \ j \in \{0, 3, 5, 6, 7, 9, 12\},$$
$$H^3(\widetilde{\mathcal{Z}}_K) \times H^3(\widetilde{\mathcal{Z}}_K) \to H^6(\widetilde{\mathcal{Z}}_K),$$
$$H^3(\widetilde{\mathcal{Z}}_K) \times H^6(\widetilde{\mathcal{Z}}_K) \to H^9(\widetilde{\mathcal{Z}}_K),$$
$$H^6(\widetilde{\mathcal{Z}}_K) \times H^3(\widetilde{\mathcal{Z}}_K) \to H^9(\widetilde{\mathcal{Z}}_K),$$
$$H^3(\widetilde{\mathcal{Z}}_K) \times H^9(\widetilde{\mathcal{Z}}_K) \to H^{12}(\widetilde{\mathcal{Z}}_K),$$
$$H^9(\widetilde{\mathcal{Z}}_K) \times H^3(\widetilde{\mathcal{Z}}_K) \to H^{12}(\widetilde{\mathcal{Z}}_K),$$
$$H^5(\widetilde{\mathcal{Z}}_K) \times H^7(\widetilde{\mathcal{Z}}_K) \to H^{12}(\widetilde{\mathcal{Z}}_K),$$
$$H^7(\widetilde{\mathcal{Z}}_K) \times H^5(\widetilde{\mathcal{Z}}_K) \to H^{12}(\widetilde{\mathcal{Z}}_K),$$
$$H^6(\widetilde{\mathcal{Z}}_K) \times H^6(\widetilde{\mathcal{Z}}_K) \to H^{12}(\widetilde{\mathcal{Z}}_K)$$

De plus, $H^0(\widetilde{\mathcal{Z}}_K)$ est engendré par $[\emptyset] \in \widetilde{H}^0(K_\emptyset)$ et $H^{12}(\widetilde{\mathcal{Z}}_K)$ by $[\partial K] \in \widetilde{H}^3(K)$. Donc la proposition IV.13 implique que les produits

$$H^0(\widetilde{\mathcal{Z}}_K) \times H^j(\widetilde{\mathcal{Z}}_K) \;\rightarrow\; H^j(\widetilde{\mathcal{Z}}_K)$$

et

$$H^j(\widetilde{\mathcal{Z}}_K) \times H^0(\widetilde{\mathcal{Z}}_K) \;\rightarrow\; H^j(\widetilde{\mathcal{Z}}_K), \quad j \in \{0,3,5,6,7,9,12\}$$

sont définis respectivement par $[\emptyset] \smile [c] = [c]$ et $[c] \smile [\emptyset] = [c]$, pour tout $[c] \in H^j(\widetilde{\mathcal{Z}}_K)$.

Ensuite, $H^7(\widetilde{\mathcal{Z}}_K)$ est engendré par les générateurs de $\widetilde{H}^1(K_\tau)$, où $|\tau| = 5$. Il y a exactement seize τ telles que $|\tau| = 5$ et $\widetilde{H}^1(K_\tau)$ n'est pas trivial (dans ce cas, on a $\widetilde{H}^1(K_\tau) \simeq R$).

De même, $H^5(\widetilde{\mathcal{Z}}_K)$ est engendré par les générateurs de $\widetilde{H}^1(K_\tau)$, où $|\tau| = 3$. Il y a exactement seize τ telles que $|\tau| = 3$ et $\widetilde{H}^1(K_\tau)$ n'est pas trivial (dans ce cas, on a $\widetilde{H}^1(K_\tau) \simeq R$). Par conséquent, si $[c]$ est un générateur de $\widetilde{H}^1(K_\tau) \subset H^7(\widetilde{\mathcal{Z}}_K)$, $|\tau| = 5$ et $[\tilde{c}]$ est un générateur de $\widetilde{H}^1(K_{\tilde{\tau}}) \subset H^5(\widetilde{\mathcal{Z}}_K)$, $|\tilde{\tau}| = 3$, alors le produit est non nul si et seulement si $\tilde{\tau}$ est le complémentaire de τ dans $\{1, \cdots, 8\}$. Dans ce cas, le produit est $[\partial K]$. On peut aussi remarquer que si τ est tel que $|\tau| = 3$ et $\widetilde{H}^1(K_\tau)$ n'est pas trivial, alors $|\tau^c| = 5$ et $\widetilde{H}^1(K_{\tau^c})$ n'est pas trivial. Finalement, il existe exactement 16 produits non nuls dans $H^5(\widetilde{\mathcal{Z}}_K) \times H^7(\widetilde{\mathcal{Z}}_K)$.

Les mêmes arguments s'appliquent aux produits de $H^3(\widetilde{\mathcal{Z}}_K) \times H^9(\widetilde{\mathcal{Z}}_K)$ et de $H^9(\widetilde{\mathcal{Z}}_K) \times H^3(\widetilde{\mathcal{Z}}_K)$ qui sont donc non nuls. De plus, l'unique produit $H^3(\widetilde{\mathcal{Z}}_K) \times H^3(\widetilde{\mathcal{Z}}_K)$ est nul d'après la proposition IV.13. Ensuite, les produits $H^6(\widetilde{\mathcal{Z}}_K) \times H^3(\widetilde{\mathcal{Z}}_K)$ et $H^3(\widetilde{\mathcal{Z}}_K) \times H^6(\widetilde{\mathcal{Z}}_K)$ sont nuls. En effet, si un de ces produits est non nul, le produit est alors égal à un multiple du générateur de $H^9(\widetilde{\mathcal{Z}}_K)$. Donc en multipliant ce produit par le générateur de $H^3(\widetilde{\mathcal{Z}}_K)$, on obtient un élément non nul de $H^{12}(\widetilde{\mathcal{Z}}_K)$. Or ce dernier produit contient un facteur carré et est donc nul d'après la proposition IV.13.

Il ne reste plus qu'à étudier les produits de $H^6(\widetilde{\mathcal{Z}}_K) \times H^6(\widetilde{\mathcal{Z}}_K) \rightarrow H^{12}(\widetilde{\mathcal{Z}}_K)$. Les générateurs de $H^6(\widetilde{\mathcal{Z}}_K)$ sont les générateurs de $\widetilde{H}^1(K_\tau)$ avec $|\tau| = 4$. Là encore, si $[c]$ est un générateur de $\widetilde{H}^1(K_\tau) \subset H^6(\widetilde{\mathcal{Z}}_K)$, avec $|\tau| = 4$, et $[\tilde{c}]$ est un générateur de $\widetilde{H}^1(K_{\tilde{\tau}}) \subset H^6(\widetilde{\mathcal{Z}}_K)$, avec $|\tilde{\tau}| = 4$, alors le produit est éventuellement non nul seulement si $\tilde{\tau}$ est le complémentaire de τ dans $\{1, \cdots, 8\}$.

Soit τ un élément de $I_4 = \{\tau / |\tau| = 4, \widetilde{H}_1(K_\tau) \neq \{0\}\}$. On peut remarquer qu'alors on a $\tau^c \in I_4$. Plus précisément, $\widetilde{H}^1(K_{\tau^c})$ est isomorphe à $\widetilde{H}^1(K_\tau)$.

On a alors :

– Pour $K = \widetilde{\mathbb{M}}$ ou $K = P_{32}^8$, on a $|I_4| = 24$ et pour $\tau \in I_4$, on a $\widetilde{H}_1(K_\tau) \simeq R$. Par conséquent, la table de multiplication de $H^6(\widetilde{\mathcal{Z}}_{\widetilde{\mathbb{M}}})$ et celle de $H^6(\widetilde{\mathcal{Z}}_{P_{32}^8})$ peuvent être mises sous la forme d'une matrice diagonale par blocs ayant 12 matrices de type M_1 comme éléments diagonaux.

- Pour $K = P_{30}^8$ ou $K = P_{31}^8$, on a $|I_4| = 22$. Pour exactement deux éléments $\tau_1, \tau_2 \in I_4$, on a $\widetilde{H}_1(K_{\tau_j}) \simeq R^2$ et $\widetilde{H}_1(K_{\tau_j^c}) \simeq R^2$, $j = 1, 2$, et pour tous les autres éléments $\tau \in I_4$, on a $\widetilde{H}_1(K_\tau) \simeq R$. Par conséquent, la table de multiplication de $H^6(\widetilde{\mathcal{Z}}_{\mathcal{M}})$ peut être mise sous la forme d'une matrice diagonale par blocs ayant 1 matrice de type M_2 et 10 matrices de type M_1 comme éléments diagonaux.

- Pour $K = P_{33}^8$, on a $|I_4| = 20$. Pour exactement quatre éléments $\tau_1, \tau_2, \tau_3, \tau_4 \in I_4$, on a $\widetilde{H}_1(K_{\tau_j}) \simeq R^2$ et $\widetilde{H}_1(K_{\tau_j^c}) \simeq R^2$, $j = 1, 2, 3, 4$, et pour tous les autres éléments $\tau \in I_4$, on a $\widetilde{H}_1(K_\tau) \simeq R$. Par conséquent, la table de multiplication de $H^6(\widetilde{\mathcal{Z}}_{\mathcal{M}})$ peut être mise sous la forme d'une matrice diagonale par blocs ayant 2 matrices de type M_2 et 9 matrices de type M_1 comme éléments diagonaux.

Par le même raisonnement que dans le chapitre V, on peut montrer que ces trois produits sont équivalents. En fait, la forme associée à $\widetilde{\mathcal{Z}}_K$ est équivalente à la somme directe de 12 plans hyperboliques.

Là encore, la comparaison des produits de cohomologie ne permet pas de distinguer la topologie du complexe moment-angle associé à la sphère de Barnette de celles des complexes associés aux polytopes $P_{30}^8, P_{31}^8, P_{32}^8$, et P_{33}^8.

Annexe C

Programmes Maple

Dans cette dernière annexe, nous décrivons quelques procédures utilisées pour réaliser les calculs de cette thèse. Les procédures ont été codées en Maple mais peuvent évidemment être codées dans n'importe quel logiciel de calcul formel. Le package LVMB créé pour l'occasion peut être téléchargé sur

http://math.u-bourgogne.fr/IMB/tambour/maple.htm

Remarque C.1: Une partie de procédures utilisent le package TorDiv de F. Berchtold, J. Hausen, et M. Widmann, en particulier ses procédures permettant de calculer dans des réseaux. Il peut être téléchargé sur cette page :

http:
//www.mathe.uni-konstanz.de/homepages/berchtof/Software/TorDiv.html

Ce package requiert l'utilisation du package Convex de M.Franz, disponible sur la page personnelle de l'auteur :

http://www.math.uwo.ca/~mfranz/

Remarque C.2: Dans la suite, les noms des procédures sont en *italique* et les variables en style "machine à écrire".

1 Constantes et fonctions auxiliaires

Les constantes utilisées dans le package LVMB correspondent aux 3-sphères simpliciales à 8 sommets. Les sphères non polytopales sont désignées par leur noms, **bruckner** et **barnette**. Les sphères polytopales sont désignées par **Pj**, où **j** ∈ {1,...,37} et décrites comme dans [GS]. Seules leurs facettes sont données sous forme d'un ensemble d'ensembles.

De plus, nous avons dû programmer quelques fonctions auxiliaires pour réaliser nos calculs. Tout d'abord, *ExpansionBinomiale*(a,i) et *ExposantBinomial*(a,i) permettent de calculer la i-ème expansion binomiale de l'entier **a** ainsi que le nombre $a^{<i>}$ (que nous avons appelé "exposant binomial"). Rappelons la définition de ces deux notions :

Définition: Soit a et i deux entiers naturels. Alors a se décompose de manière unique sous la forme

$$a = \binom{a_i}{i} + \binom{a_{i-1}}{i-1} + \cdots + \binom{a_j}{j}$$

où $a_i > a_{i-1} > \cdots > a_j \geq j \geq 1$. Cette décomposition est la i-ème *expansion binomiale* de a. Le i-ème *exposant binomial* de a est l'entier

$$a^{<i>} = \binom{a_i+1}{i+1} + \binom{a_{i-1}+1}{i} + \cdots + \binom{a_j+1}{j+1}$$

De plus,

– La fonction *Compl*(partie,V) renvoie le complémentaire de **partie** dans l'ensemble **V**.
– *Kronecker*(i,j) est le symbole de Kronecker.
– *BaseCanonique*(n) renvoie la liste des vecteurs de la base canonique de $\mathbb{R}^n$. Les vecteurs sont donnés par la liste de leur coordonnées pour pouvoir être utilisés avec le package TorDiv.

2 Combinatoire des complexes simpliciaux

Dans cette section, les fonctions codant des opérations classiques sur les complexes simpliciaux sont détaillées et commentées. Les complexes simpliciaux doivent être décrits par des ensembles finis d'ensembles finis. Dans la suite, **ensens** et ses variantes (**ensens1,ensens2,...**) désigneront des ensembles d'ensembles (représentant des complexes simpliciaux ou seulement leurs facettes) et **V** sera un ensemble fini (généralement, mais pas nécessairement, l'ensemble des sommets du complexe simplicial). La fonction *Simplex*(ens) renvoie l'ensemble des parties de l'ensemble **ens**. Elle est utilisée par la fonction *Facettes2Complexe*(ensens) qui renvoie le complexe simplicial sans sommets fantômes dont les éléments sont les parties des éléments de **ensens**. Toutes les fonctions effectuant des calculs sur des complexes simpliciaux commencent par l'appel de cette fonction. Par conséquent, on pourra utiliser une fonction en utilisant comme paramètre un complexe simplicial décrit soit exhaustivement soit par l'ensemble de ces facettes. La fonction *Complexe2Facettes* effectue l'opération inverse et renvoie les facettes d'un complexe donné.

De plus,

- *Squelette*(n,**ensens**) et *FacesDim*(n,**ensens**) renvoient le n-squelette et l'ensemble des faces de dimension n du complexe décrit par **ensens** (respectivement).
- *Sommets*(**ensens**) et *EnsembleSommets*(**ensens**) donnent respectivement le 0-squelette de **ensens** (i.e. un ensemble de singletons) et l'ensemble de ses sommets. *DimensionComplexe*(**ensens**) fournit la dimension du complexe simplicial **ensens**.
- *ComplexComplet*(ens,**ensens**) renvoie le sous-complexe maximal du complexe **ensens** engendré par la partie **ens**.

Les fonctions *fvecteur*, *gvecteur* et *hvecteur* calculent les vecteurs correspondants du complexe simplicial **ensens** donné en paramètre. Grâce à ce calcul, on peut vérifier si un complexe donné vérifie certaines égalités classiques grâce aux fonctions *DehnSommerville*, *Euler* et *gtheorem*.

Ensuite, si **ensens** est un complexe sur V, alors *NonFaces*(**ensens**,V) et *AlexanderDual*(**ensens**,V) renvoient respectivement l'ensemble des parties de V qui ne sont pas des simplexes de **ensens** et son dual d'Alexander. La fonction *IsMissingFace*(ens,**ensens**) teste si l'ensemble **ens** est une face manquante d'**ensens** et *MissingFaces*(**ensens**,V) renvoie toutes les faces manquantes de **ensens** (y compris les sommets fantômes).

Enfin, les fonctions *Star*,*Link* calculent l'étoile et le lien d'un simplexe et les procédures *Joint*, *ConeCombinatoire* et *SuspensionCombinatoire* effectuent le joint, le cône et la suspension de complexes simpliciaux.

3 Ensembles fondamentaux et bons systèmes

Les ensembles fondamentaux sont ici représentés par des ensembles finis d'ensembles de même cardinal. La fonction *Sphere2Fond* calcule l'ensemble fondamental sur l'ensemble V associé au complexe décrit par **ensens**. *Fond2Sphere* effectue le travail inverse. La dimension **d** d'un complexe et son nombre de sommets **v** étant donnés en paramètre, la fonction *Type*(**d**,**v**) calcule le type (M, n, k) d'un ensemble fondamental associé à ce complexe (le nombre d'éléments indispensables est une variable k). *TypeGeom*(d,v) effectue le même calcul mais de sorte que M soit impair. La fonction *Indispensables* renvoie les éléments indispensables d'un ensemble fondamental donné. Enfin, *PER*(ensens) et *PEUR*(ensens) testent si l'ensemble fondamental **ensens** vérifie le *PER* et/ou le *PEUR*.

Les fonctions *EnsEtudiable*(ensfond,lisvect) et *Imbrication*(ensfond,lisvect) testent si le système décrit par l'ensemble fondamental **ensfond** et les vecteurs **lisvect** (donnés par une liste de vecteurs) est étudiable et s'il vérifie la condition d'imbrication.

Enfin, les fonctions *Cone*(ens,n) et *FanComplex*(ensens,n) décrivent respectivement le cône de $\mathbb{R}^n$ dont les générateurs sont les vecteurs de la base canonique indicés par les éléments de **ens** et l'éventail de $\mathbb{R}^n$ ayant les vecteurs de la base canonique comme générateurs et le complexe décrit par **ensens** comme complexe sous-jacent.

4 Calculs d'homologie et de cohomologie

Décrivons maintenant les fonctions permettant de calculer l'homologie et la cohomologie des complexes simpliciaux et des complémentaires des arrangements de sous-espaces de coordonnées.

4.1 Complexes simpliciaux

La fonction *BaseChaines* donne la liste des générateurs des chaînes simpliciales d'un complexe donné. Les fonctions *Homologie* et *HomologieReduite* calculent l'homologie réduite ou non à coefficients entiers d'un complexe. Le résultat obtenu est la liste des nombres de Betti du complexe ainsi que la liste de ses nombres de torsion. *CohomologieReduite* donne la cohomologie réduite du complexe, présentée sous la même forme. *GenerateursCycles* explicite une famille génératrice des cycles (i.e. les éléments du noyau de l'opérateur de bord) et *BaseHomologieReduite* calcule des représentant d'une base de l'homologie, dans le cas où il n'y a pas de torsion.

De plus, la fonction *SphereHomologie* vérifie si un complexe a l'homologie d'une sphère et *NullHomology* si son homologie réduite est nulle.

4.2 Complexes moment-angle

Rappelons pour commencer qu'un complexe moment-angle est un retract par déformation d'un certain complémentaire d'arrangements de sous-espaces de coordonnées. La fonction *HomologieReduiteASEC* permet de calculer l'homologie réduite du complémentaire d'un arrangement de sous-espaces de coordonnées associé à un complexe simplicial **sans** sommet fantôme. Si le complexe simplicial est la triangulation d'une variété, et toujours supposé sans sommet fantôme, alors la fonction *CohomologieASEC* permet de calculer la cohomologie du complémentaire de l'arrangement de sous-espace associé.

Comme expliqué dans le chapitre IV, l'homologie d'un complémentaire d'un arrangement de sous-espaces de coordonnées paramétré par un complexe K est donnée par celles de sous-complexes maximaux de K. La fonction *GenerateursHomologie-ReduiteASEC* permet de lister les ensembles qui contribuent à l'homologie réduite.

Conclusion générale et perspectives

Dans cette thèse, nous avons approfondi l'étude des variétés LVMB et avons renforcé les liens qu'entretiennent ces variétés complexes avec des objets importants dans d'autres disciplines : variétés toriques, triangulations de sphères, complexes moment-angles,...

Il y a plusieurs possibilités pour continuer l'investigation menée dans cette thèse. La première consisterait bien sûr à répondre à la question laissée en suspens à la fin du chapitre V : existe-t-il des variétés LVMB ayant une topologie différente de celles des variétés LVM ? Si la réponse est affirmative, un exemple concret sera obtenu à partir d'une sphère rationnellement étoilée non polytopale. Les exemples les plus simples d'une telle sphère sont la sphère de Brückner et celle de Barnette, mais le chapitre V et l'annexe B montrent que, même pour ces cas simples, la comparaison des topologies n'est pas facile. Notons $c(n, d)$ (resp. $s(n, d)$) le nombre de types combinatoires de polytopes de dimension d à n sommets (resp. le nombre de $(d-1)$-sphères simpliciales à n sommets). On a alors (cf. [K]) :

$$\lim_{n \to \infty} \frac{c(d, n)}{s(d, n)} = 0 \quad \forall \, d \geq 5$$

et

$$\lim_{d \to \infty} \frac{c(d, d+b)}{s(d, d+b)} = 0 \quad \forall \, b \geq 4$$

Cela signifie que, quitte à augmenter la dimension (et donc la difficulté des calculs), nous avons théoriquement beaucoup d'exemples pour tester notre conjecture ("il existe une variété LVMB n'ayant pas la même topologie que les variétés LVM"). Par exemple, parmi les 1296 sphères de dimension 3 à 9 sommets, 154 sont non polytopales (cf. [ABS]). Cependant, la description explicite de sphères simpliciales n'est connue que pour les petites dimensions et un très petit nombre de sommets (les 3-variétés à 10 sommets n'ont été classifiées par Lutz dans [Lu] qu'en 2008). De plus, nous ne connaissons pas d'estimation du nombre de sphères rationnellement étoilées.

Une seconde idée de développement est d'utiliser certaines techniques combinatoires pour étudier les propriétés des variétés LVMB. Par exemple, on sait que le complexe moment-angle d'un complexe "*shifté*" (shifted en anglais) a l'homotopie d'un bouquet de sphères (cf. [GT]). On sait aussi qu'une opération Δ appelée *shifting*, qui transforme un complexe quelconque en un complexe shifté en laissant invariant les complexes déjà shiftés, préserve de nombreux invariants des complexes simpliciaux (le f-vecteur notamment) et s'est avérée être un outil précieux dans l'étude de ces invariants. On pourrait chercher à étudier la relation entre le complexe moment-angle d'une sphère étoilée K et celui de son shifting $\Delta(K)$.

La troisième possibilité serait de chercher une réponse à l'interrogation suivante : la structure différentiable obtenue sur les complexes moment-angle paramétrés par des sphères rationnellement étoilées est-elle unique ? Si on se restreint au cas polytopal et aux structures différentiables compatibles avec l'action torique, alors la réponse est affirmative (cf. [BM]). A la fin de la rédaction de cette thèse, nous avons appris que Panov et Ustinovsky avaient réussi dans [PU] à construire des structures différentiables et des structures complexes sur les complexes moment-angle paramétrés par des sphères étoilées (pas nécessairement rationnelles). Leur construction est a priori différente de la nôtre. Cela amène à la question suivante :

Question : Une sphère étoilée est-elle rationnellement étoilée ?

Si la réponse était négative, la construction de Panov et Ustinovsky permettrait de munir plus de complexes moment-angle d'une structure complexe. Nos deux constructions donnent des pistes pour répondre aux deux questions suivantes :

Question : Décrire la classe de complexes simpliciaux K pour lesquelles le complexe $\mathcal{Z}_K$ peut être muni d'une structure différentiable.

Question : Décrire la classe de complexes simpliciaux K pour lesquelles le complexe $\mathcal{Z}_K$ peut être muni d'une structure complexe.

Dans les différents chapitres de la thèse, nous avons utilisé la combinatoire des complexes simpliciaux pour établir des propriétés des variétés LVMB. Une quatrième piste de développement des idées exprimées dans cette thèse serait d'opérer la démarche inverse : utiliser les propriétés des variétés LVMB pour en dériver des résultats combinatoires à propos des complexes simpliciaux ou sur les triangulations de sphères. Un premier (et très modeste) pas dans ce sens réside dans corollaire VI.5.2 qui prouve que le joint de deux sphères rationnellement étoilées est encore rationnellement étoilé.

Enfin, une dernière possibilité serait de chercher à caractériser topologiquement les variétés LVMB qui proviennent d'une sphère PL, i.e. un complexe simplicial admettant une subdivision combinatoirement équivalente à une subdivision de la frontière d'un simplexe (cf. [BP]). De telles sphères sont obtenues à partir d'opérations simples appelées mouvements bistellaires. Au niveau des complexes moment-angle, ces mouvements bistellaires correspondent à des chirurgies. Mieux comprendre ces mouvements permettraient de construire de nouveaux exemples explicites de variétés LVMB. L'effet des mouvements bistellaires sur les complexes moment-angles a déjà été partiellement étudiée dans [BP] ainsi que dans [LdMG].

Bibliographie

[ABS] A. Altshuler, J. Bokowski, and L. Steinberg. The classification of simplicial 3-spheres with nine vertices into polytopes and nonpolytopes. *Discrete Mathematics*, 31(2) :115–124, 1980.

[Bar] D. Barnette. The triangulations of the 3-sphere with up to 8 vertices. *Journal of Combinatorial Theory. Series A*, 14 :37–52, 1973.

[Bas] I. V. Baskakov. Cohomology of K-powers of spaces and the combinatorics of simplicial divisions. *Russian Math. Survey*, 57(5(347)) :147–148, 2002.

[Bon] L. Bonavero. Factorisation faible des applications birationnelles (d'après Abramovich, Karu, Matsuki, Włodarczyk et Morelli). *Astérisque*, (282) :Exp. No. 880, vii, 1–37, 2002. Séminaire Bourbaki, Vol. 2000/2001.

[Bos] F. Bosio. Variétés complexes compactes : une généralisation de la construction de Meersseman et López de Medrano-Verjovsky. *Ann. Inst. Fourier (Grenoble)*, 51(5) :1259–1297, 2001.

[Brü] M. Brückner. Ueber die ableitung der allgemeinen polytope und die nach isomorphismus verschiedenen typen der allgemeinen achtzelle. *erh. Nederl. Akad. Wetensch.Af. Natuurk. Sect. I 10*, (1), 1909.

[Bre] G.E. Bredon. *Topology and geometry*, volume 139 of *Graduate Texts in Mathematics*. Springer-Verlag, New York, 1997. Corrected third printing of the 1993 original.

[BBCG] A. Bahri, M. Bendersky, F. R. Cohen, and S. Gitler. Decompositions of the polyhedral product functor with applications to moment-angle complexes and related spaces. *Proceedings of the National Academy of Sciences of the USA*, 106(30) :12241–12244, 2009.

[BBCM] A. Białynicki-Birula, J. B. Carrell, and W. M. McGovern. *Algebraic quo-*
tients. Torus actions and cohomology. The adjoint representation and the
adjoint action, volume 131 of *Encyclopaedia of Mathematical Sciences.*
Springer-Verlag, 2002.

[BBŚ] A. Białynicki-Birula and J. Święcicka. Open subsets of projective spaces
with a good quotient by an action of a reductive group. *Transform.*
Groups, 1(3) :153–185, 1996.

[BM] F. Bosio and L. Meersseman. Real quadrics in $\mathbb{C}^n$, complex manifolds
and convex polytopes. *Acta Math.*, 197(1) :53–127, 2006.

[BP] V.M. Buchstaber and T.E. Panov. *Torus actions and their applications*
in topology and combinatorics, volume 24 of *University Lecture Series.*
American Mathematical Society, Providence, RI, 2002.

[BS] A. Borel and J.-P. Serre. Groupes de Lie et puissances réduites de Steenrod. *American Journal of Mathematics*, 75 :409–448, 1953.

[BT] R. Bott and L.W. Tu. *Differential forms in algebraic topology*, volume 82
of *Graduate Texts in Mathematics*. Springer-Verlag, 1982.

[C1] B. Chabat. *Introduction à l'analyse complexe. Tome 1*. Mir, 1990.

[C2] B. Chabat. *Introduction à l'analyse complexe. Tome 2*. Mir, 1990.

[CE] E. Calabi and B. Eckmann. A class of compact, complex manifolds which
are not algebraic. *Ann. of Math. (2)*, 58 :494–500, 1953.

[CFZ] S. Cupit-Foutou and D. Zaffran. Non-Kähler manifolds and GIT-
quotients. *Math. Z.*, 257(4) :783–797, 2007.

[CKP] C. Camacho, N.H. Kuiper, and J. Palis. The topology of holomorphic
flows with singularity. *Institut des Hautes Études Scientifiques. Publica-*
tions Mathématiques, (48) :5–38, 1978.

[CLN] C. Camacho and A. Lins Neto. *Geometric theory of foliations*. Birkhäuser
Boston Inc., 1985.

[CLS] D. Cox, J. Little, and H. Schenk. Toric varieties. Disponible sur la page
personnelle de David Cox.

[D] J. Duistermaat. *Lie groups*. Universitext. Springer-Verlag, 2000.

[DFN1] B. A. Dubrovin, A. T. Fomenko, and S. P. Novikov. *Modern geometry—*
methods and applications. Part II, volume 104 of *Graduate Texts in Ma-*
thematics. Springer-Verlag, 1988.

[DFN2] B. A. Dubrovin, A. T. Fomenko, and S. P. Novikov. *Modern geometry - methods and applications. Part III*, volume 124 of *Graduate Texts in Mathematics*. Springer-Verlag, 1990.

[DFN3] B. A. Dubrovin, A. T. Fomenko, and S. P. Novikov. *Modern geometry - methods and applications. Part I*, volume 93 of *Graduate Texts in Mathematics*. Springer-Verlag, 1992.

[E] G Ewald. *Combinatorial convexity and algebraic geometry*, volume 168 of *Graduate Texts in Mathematics*. Springer-Verlag, 1996.

[EV] J. Eells and A. Verjovsky. Harmonic and Riemannian foliations. 4(1) :1–12, 1998.

[F] W. Fulton. *Introduction to toric varieties*, volume 131 of *Annals of Mathematics Studies*. Princeton University Press, 1993.

[G] B. Grünbaum. *Convex polytopes (Second edition)*, volume 221 of *Graduate Texts in Mathematics*. Springer-Verlag, 2003.

[GH] P. Griffiths and J. Harris. *Principles of algebraic geometry*. Wiley Classics Library. John Wiley & Sons Inc., 1994.

[GS] B. Grünbaum and V.P. Sreedharan. An enumeration of simplicial 4-polytopes with 8 vertices. *J. Combinatorial Theory*, 2 :437–465, 1967.

[GT] J. Grbić and S. Theriault. The homotopy type of the complement of a coordinate subspace arrangement. *Topology*, 46(4) :357–396, 2007.

[Ham] H.A Hamm. Very good quotients of toric varieties. In *Real and complex singularities (São Carlos, 1998)*, volume 412, pages 61–75. Chapman & Hall/CRC, Boca Raton, FL, 2000.

[Har] R. Hartshorne. *Algebraic geometry*. Springer-Verlag, 1977. Graduate Texts in Mathematics, No. 52.

[Hat] A. Hatcher. *Algebraic topology*. Cambridge University Press, 2002.

[Hi] M. Hirsch. *Differential topology*, volume 33 of *Graduate Texts in Mathematics*. Springer-Verlag, 1994.

[Ho] H. Hopf. Zur Topologie der komplexen Mannigfaltigkeiten. In *Studies and Essays Presented to R. Courant on his 60th Birthday, January 8, 1948*, pages 167–185. Interscience Publishers, Inc., New York, 1948.

[Hum] J. Humphreys. *Linear algebraic groups*. Springer-Verlag, 1975.

[Huy] D. Huybrechts. *Complex geometry*. Universitext. Springer-Verlag, 2005.

119

[K] G. Kalai. Many triangulated spheres. *Discrete & Computational Geometry. An International Journal of Mathematics and Computer Science*, 3(1) :1–14, 1988.

[Le] D.H. Lee. *The structure of complex Lie groups*, volume 429 of *Chapman & Hall/CRC Research Notes in Mathematics*. Chapman & Hall/CRC, Boca Raton, FL, 2002.

[Lu] F. Lutz. Combinatorial 3-manifolds with 10 vertices. *Beiträge zur Algebra und Geometrie. Contributions to Algebra and Geometry*, 49(1) :97–106, 2008.

[LdM] S. López de Medrano. Topology of the intersection of quadrics in $\mathbf{R}^n$. In *Algebraic topology (Arcata, CA, 1986)*, volume 1370 of *Lecture Notes in Math.*, pages 280–292. Springer, Berlin, 1989.

[LdMG] S. Lopez de Medrano and S. Gitler. Intersections of quadrics, moment-angle manifolds and connected sums. arXiv :0901.2580v2.

[LdMV] S. López de Medrano and A. Verjovsky. A new family of complex, compact, non-symplectic manifolds. *Bol. Soc. Brasil. Mat. (N.S.)*, 28(2) :253–269, 1997.

[LN] J.J. Loeb and M. Nicolau. Holomorphic flows and complex structures on products of odd-dimensional spheres. *Mathematische Annalen*, 306(4) :781–817, 1996.

[Man] P. Mani. Spheres with few vertices. *J. Combinatorial Theory Ser. A*, 13 :346–352, 1972.

[Mas] W.S. Massey. *Algebraic topology : an introduction*. Springer-Verlag, 1977.

[Mc1] D. McGavran. T^n-actions on simply connected $(n+2)$-manifolds. *Pacific Journal of Mathematics*, 71(2) :487–497, 1977.

[Mc2] D. McGavran. Adjacent connected sums and torus actions. *Transactions of the American Mathematical Society*, 251 :235–254, 1979.

[Me] L. Meersseman. A new geometric construction of compact complex manifolds in any dimension. *Math. Ann.*, 317(1) :79–115, 2000.

[MH] J. Milnor and D. Husemoller. *Symmetric bilinear forms*. Springer-Verlag, 1973.

[MK] J. Morrow and K. Kodaira. *Complex manifolds*. AMS Chelsea Publishing, 2006.

[MV] L. Meersseman and A. Verjovsky. Holomorphic principal bundles over projective toric varieties. *J. Reine Angew. Math.*, 572 :57–96, 2004.

[MW]   J. Mihalisin and G. Williams. Nonconvex embeddings of the exceptional simplicial 3-spheres with 8 vertices. *J. Combin. Theory Ser. A*, 98(1) :74–86, 2002.

[Od]   T. Oda. *Convex bodies and algebraic geometry*, volume 15 of *Ergebnisse der Mathematik und ihrer Grenzgebiete (3)*. Springer-Verlag, 1988.

[Or]   P. Orlik. *Seifert manifolds*, volume 429 of *Chapman & Hall/CRC Research Notes in Mathematics*. Chapman & Hall/CRC, Boca Raton, FL, 2002.

[Pa]   T. Panov. Cohomology of face rings, and torus actions. In *Surveys in contemporary mathematics*, volume 347 of *London Math. Soc. Lecture Note Ser.*, pages 165–201. Cambridge Univ. Press, 2008.

[Po]   G. Porter. The homotopy groups of wedges of suspensions. *American Journal of Mathematics*, 88 :655–663, 1966.

[PU]   T. Panov and Y. Ustinovsky. Complex-analytic structures on moment-angle manifolds. arXiv :1008.4764v1.

[Se]   J.P. Serre. Formes bilinéaires symétriques entières à discriminant ± 1. In *Séminaire Henri Cartan, 1961/62, Exp. 14-15*. Secrétariat mathématique, 1961/1962.

[Sh1]   I. Shafarevich. *Basic algebraic geometry. 1*. Springer-Verlag, 1994.

[Sh2]   I. Shafarevich. *Basic algebraic geometry. 2*. Springer-Verlag, 1994.

[Sp]   E.H. Spanier. *Algebraic topology*. Springer-Verlag, 1981.

[St]   N. Steenrod. *The topology of fibre bundles*. Princeton University Press, 1999.

[Sw]   R.M. Switzer. *Algebraic topology - homotopy and homology*. Classics in Mathematics. Springer-Verlag, 2002.

[Tam]   J. Tambour. LVMB manifolds and simplicial spheres. arXiv :1006.1784v1.

[Tau]   P. Tauvel. *Géométrie*. Dunod, 2005.

[Th]   W. Thurston. The geometry and topology of three-manifolds. disponible librement sur http ://library.msri.org/books/gt3m.

[Wa]   F.W. Warner. *Foundations of differentiable manifolds and Lie groups*, volume 94 of *Graduate Texts in Mathematics*. Springer-Verlag, 1971.

[Wel1]   R. O. Wells, Jr. *Differential analysis on complex manifolds*, volume 65 of *Graduate Texts in Mathematics*. Springer, third edition, 2008.

[Wel2] D. Welsh. Matroids : fundamental concepts. In *Handbook of combinatorics, Vol. 1, 2*, pages 481–526. Elsevier, 1995.

[Wł] J. Włodarczyk. Decomposition of birational toric maps in blow-ups & blow-downs. *Transactions of the American Mathematical Society*, 349(1) :373–411, 1997.

[Z] G. Ziegler. *Lectures on polytopes*, volume 152 of *Graduate Texts in Mathematics*. Springer-Verlag, 1995.

Index

Index des notations

Le but de cette thèse est d'étendre les résultats de l'article $[B - M]$ sur les relations entre variétés moment-angle et variétés complexes. On s'intéressera ici aux variétés moment-angle issues d'une décomposition simpliciale (et non simplement polytopale) de la sphère. On cherchera ensuite à utiliser la relation entre ces deux types d'objets pour comprendre la topologie de certaines variétés complexes.

[B-M] F.Bosio, L.Meersseman, Real quadrics in $\mathbb{C}^n$, complex manifolds and polytopes, Acta Mathematica, 197 (2006), n° 1, 53 – 127.

Mots clés : Variétés complexes, complexes moment-angle, sphères simpliciales.

The aim of this thesis is to extend the results of the article $[B - M]$ on the relations between moment-angle complexes and complex manifolds. We will focus here on moment-angle complexes defined by a simplicial (not only polytopal) decomposition of the sphere. We will also seek to use the relationship between these two kinds of objects to be understand the topology of several complex manifolds.

[B-M] F.Bosio, L.Meersseman, Real quadrics in $\mathbb{C}^n$, complex manifolds and polytopes, Acta Mathematica, 197 (2006), n° 1, 53 – 127.

Keywords : Complex manifolds, moment-angle complexes, simplicial spheres.

www.ingramcontent.com/pod-product-compliance
Lightning Source LLC
Chambersburg PA
CBHW021108210326
41598CB00016B/1375